资助项目：
新疆维吾尔自治区"天山英才"培养计划项目"基于空–天–地综合观测的新疆云水资源精细化评估与监测技术研究"（2022TSYCLJ0003）
国家重点研发计划项目"中亚极端降水演变特征及预报方法研究"（2018YFC1507102）
新疆维吾尔自治区重点研发计划项目"高寒山区云水资源精细探测及人工增水关键技术研发与应用"（2023B03019-1）
国家自然科学基金青年科学基金项目"西天山喇叭口地形下雨滴谱特征及雷达定量降水和降雨动能估测研究"（42305080）

中国天山
云和降水物理观测特征

杨莲梅　曾　勇　刘　晶　李建刚
张晋茹　仝泽鹏　江雨霏　李浩阳　　著

U0346916

气象出版社
China Meteorological Press

内 容 简 介

本书系统介绍西天山云降水物理野外综合观测科学试验基地,基于观测数据开展相应质量控制,据此研究天山云精细垂直结构观测特征、降雨/雪云与非降雨/雪云宏微观物理特征,揭示天山不同季节、西天山和中天山不同云系降水物理观测特征,分析极端降水过程的雨滴谱特征和定量降水估测关系,基于 GPS/MET 水汽探测网给出了新疆区域大气水汽精细化时空分布特征。本书是作者近年来研究成果的系统总结,为中亚干旱区云降水物理观测、定量降水估测、降水天气机理和区域数值模式改进等研究提供重要参考。可供国内外相关科技、业务工作者参考使用。

图书在版编目（Ｃ Ｉ Ｐ）数据

中国天山云和降水物理观测特征 / 杨莲梅等著. --
北京 ：气象出版社，2024.1
 ISBN 978-7-5029-8151-8

Ⅰ．①中… Ⅱ．①杨… Ⅲ．①天山－云－气象观测－研究－中国②天山－降水－气象观测－研究－中国 Ⅳ.
①P412.13

中国国家版本馆CIP数据核字(2024)第029718号

中国天山云和降水物理观测特征
ZHONGGUO TIANSHAN YUN HE JIANGSHUI WULI GUANCE TEZHENG

出版发行：气象出版社

地　　址：北京市海淀区中关村南大街 46 号	**邮政编码**：100081
电　　话：010-68407112(总编室) 010-68408042(发行部)	
网　　址：http://www.qxcbs.com	**E - m a i l**：qxcbs@cma.gov.cn
责任编辑：王萃萃　郑乐乡	**终　审**：张　斌
责任校对：张硕杰	**责任技编**：赵相宁
封面设计：艺点设计	
印　　刷：北京建宏印刷有限公司	
开　　本：787 mm×1092 mm　1/16	**印　张**：10.5
字　　数：281 千字	
版　　次：2024 年 1 月第 1 版	**印　次**：2024 年 1 月第 1 次印刷
定　　价：110.00 元	

前　言

天山位于亚欧大陆腹地，由一系列高山、山间盆地和谷地构成，是世界上距离海洋最远的山系，因其降水丰富且储水能力突出，被誉为"中亚水塔"，其对中亚地区特别是新疆地区的天气气候、生态环境和水安全具有关键而深远的影响。过去对天山地区云和降水物理观测和研究的匮乏严重制约了中亚干旱区云和降水系统发生发展机理的认识和云降水物理学的发展。本书基于国际一流观测设备的西天山云降水物理野外综合观测试验基地多年的观测试验，系统地研究天山云和降水宏微观物理观测特征，填补中亚干旱区云和降水物理观测和研究的空白。

国内外大量研究已经表明，地理位置、气候背景、地形、季节和降雨类型等的不同，都会造成云和降水物理特征的明显差异。然而，过去的研究主要关注降水较为丰沛的季风区，而与季风区气候存在较大差异的天山地区，尚未较系统和深入地开展相关观测和研究。天山位于西风带控制区，属于典型的干旱半干旱区，天山山脉复杂地形加剧了山脉云和降水物理特征的复杂性。基于观测的天山云和降水物理特征研究，为新疆空中水资源开发利用、降水天气形成机理和预报技术、区域数值预报模式改进提供科技支撑，助力全球天气预报、气候变化、防灾减灾服务，支撑生态文明建设等国家战略。

中国气象局乌鲁木齐沙漠气象研究所于 2019 年建设了西天山云降水物理野外综合观测试验基地，基于观测资料研究并撰写完成《中国天山云和降水物理观测特征》，系统介绍西天山云降水物理野外综合观测科学试验基地，基于观测数据开展相应质量控制，据此研究天山云精细垂直结构观测特征、降雨/雪云与非降雨/雪云宏微观物理特征，揭示天山不同季节、西天山和中天山不同云系降水物理观测特征，分析极端降水过程的雨滴谱特征和定量降水估测关系，基于 GPS/MET 水汽探测网给出了新疆区域大气水汽精细化时空分布特征。本书是作者近年来研究成果的系统总结，为中亚干旱区云和降水研究相关科技业务工作者从事云水资源观测、定量降水估测、降水天气机理和区域数值模式改进等研究提供重要参考，为提高卫星观测、数值天气预报、天气预报、气象防灾减灾综合治理能力提供重要科学依据。

本书共 5 章。其中，第 1 章系统介绍中国天山云降水物理野外综合观测科学试验基地。第 2 章研究了中国天山云宏微观物理观测特征。第 3 章阐明了中国天山降水雨滴谱观测特征。第 4 章研究了中国天山极端降水过程宏微观物理观测特征。第 5 章系统分析了基于 GPS/MET 大气水汽观测仪的水汽时空分布与极端降水水汽特征。全书由杨莲梅多次修改后最终成册。

本书是在新疆维吾尔自治区"天山英才"培养计划项目"基于空-天-地综合观测的新疆云水资源精细化评估与监测技术研究"（2022TSYCLJ0003）、国家重点研发计划项目"中亚极端降水演变特征及预报方法研究"（2018YFC1507102）、新疆维吾尔自治区重点研发计划项目"高寒山区云水资源精细探测及人工增水关键技术研发与应用"（2023B03019-1）和国家自然科学基金青年科学基金项目"西天山喇叭口地形下雨滴谱特征及雷达定量降水和降雨动能估测研究"（42305080）的资助下完成的。感谢新疆维吾尔自治区科学技术厅、中国科学技术部、国家自然科学基金委员会、新疆维吾尔自治区气象局和中国气象局乌鲁木齐沙漠气象研究所的大力支持。气象出版社的同志们承担本书出版任务，尽心竭力使得本书得以圆满完成。在此，对以上有关单位和同志们致以衷心的感谢！

由于中亚干旱区云和降水宏微观物理观测和研究刚起步，很多观测资料分析还在进行中，本书中的内容只能反映出到目前为止的一些科学研究成果。另外，由于撰写者水平有限，书中难免有不妥之处，敬请读者批评和指正。

作者

2023 年 9 月

目 录

第 1 章　中国天山云降水物理野外综合观测科学试验基地介绍

干旱区水资源是制约社会经济发展和生态环境格局的关键因素,而降水是水资源的根本来源。天山因其降水丰富和储水能力突出被誉为"中亚水塔",天山降水对中亚特别是新疆的天气气候、生态环境和水安全具有关键而深远的影响。降水由复杂的宏微观物理过程共同影响产生,宏微观物理观测和研究是认识云形成降水过程和降水预报的基础。降水物理过程、成云致雨过程及定量估测降水等具有很强的地区、气候背景和季节依赖性。而中亚干旱气候背景和复杂沙漠—绿洲—冰雪山盆地形和下垫面特征,云降水物理过程具有区域特色。中亚降水在空间上分布极其不均,由于天山地形的影响,山区是降水高值区,而该区域云和降水宏微观物理特征观测研究还未开展,是制约中亚干旱区云降水物理理论发展和降水预报提高的关键科学问题。

1.1　观测试验基地布局与仪器设备

依托财政部修购项目和多个国家级项目,围绕国家战略、新疆防灾减灾和生态文明建设需求,瞄准灾害性天气、云降水物理和云水资源开发学科前沿,针对中亚干旱气候特征,将"中亚水塔"——天山山脉作为研究区域,建立"中国天山云降水物理野外综合观测科学试验基地",该基地是中亚地区设备种类最全、最先进、观测要素最丰富的云降水物理过程科学试验观测基地。

为了使基地建设更加规范合理,专家多次实地考察调研,按照中国气象局观测场地的规范要求和仪器周边环境要求,在气象业务观测网的基础上,对站点布局进行了总体规划,架设多种先进气象探测设备,对研究区内的降雨、降雪天气的大气动力、热力、水汽、云和降水宏微观物理特征进行协同综合观测,为揭示中尺度系统发生发展机制、云和降水宏微观物理特征,以及优化区域数值模式云微物理参数化方案提供坚实的观测基础。

中国天山云降水物理野外综合观测科学试验基地主要包括西天山和中天山试验基地两部分,西天山云降水物理野外综合观测试验基地主要在新疆西部伊犁哈萨克自治州境内,伊犁河谷北、东、南三面环山,向西开口的河谷地形有利于西风环流在山地迎风坡形成地形雨,从而成为我国西北乃至中亚最大降水中心,平原年降水量 $200\sim400$ mm,山区达 $600\sim800$ mm 甚至更多,是中亚区域最理想的云降水物理观测试验区域。观测站布局见图 1.1,主观测站为伊犁河谷西部伊宁县站(海拔 771 m)和伊犁河谷东端新源县站(海拔 928.3 m),新源县布设观测仪器最先进、种类最全、观测要素最多,称之为超级站,包括 C 波段双偏振雷达、Ka/Ku 双频云雷达、边界层风廓线雷达、微雨雷达、激光雨滴谱仪、二维视频雨滴谱仪、激光云高仪、地基微波辐射计和 GPS/MET 水汽探测仪,均建设在新源县国家基本气象

中国天山云和降水物理观测特征

站观测场内,符合各仪器建设的环境条件,各仪器厂家、型号、设备参数具体见表 1.1,观测时间分辨率可达秒级/分钟级、空间分辨率达米级,物理要素观测精度与国际同步,为了避免 C 波段双偏振雷达仰角观测空白区及附近天山地物回波的阻挡,该雷达建设于新源县观测站以西约 30 km 的肖尔布拉克镇,由此组成了新源县云降水物理观测超级站。伊宁县站仅比新源站少云雷达和风廓线雷达,此外还有巩留县站(海拔 774.4 m)、尼勒克站(海拔 1107.1 m)、昭苏站(海拔 1860.2 m)、特克斯站(海拔 1210.5 m)和伊犁植物园站(海拔 1340 m)为补充观测站,均布设有激光雨滴谱仪(图 1.2)和 GPS/MET 水汽探测仪,巩留县站和昭苏站还布设有微雨雷达,上述观测站网组成了天山西部区域云降水物理野外综合观测试验基地,覆盖了整个伊犁河谷区域。为了对比分析中/西天山雨滴谱的异同,在中天山乌鲁木齐站(海拔 918.7 m)和天池站(海拔 1935.2 m)布设了激光雨滴谱仪和 GPS/MET 水汽探测仪。

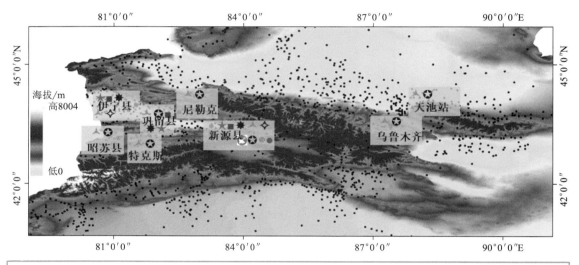

图 1.1   中国天山云降水物理野外综合观测试验基地布局图

此外,在新疆建设了 67 台 GPS/MET 水汽探测仪,见图 1.3,主要布设于天山山区及其两侧、阿勒泰山麓和昆仑山北缘,海拔最高站为天山大西沟(海拔 3543.8 m),在塔克拉玛干沙漠腹地塔中站和古尔班通古特沙漠克拉玛依站也布设有水汽探测仪,为新疆大气可降水量探测和降水预报预警提供了观测基础。

2

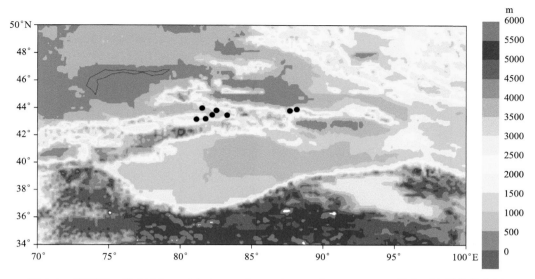

图 1.2　新疆第二代 OTT Particle Size Velocity（Parsivel）disdrometer 激光雨滴谱仪分布图

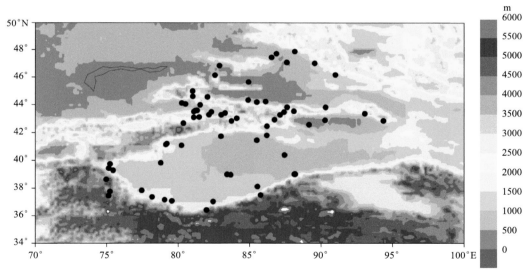

图 1.3　新疆 GPS/MET 水汽探测仪分布图,阴影为地形海拔高度

1.2　观测仪器参数

各站点具体设备及技术参数见表 1.1。

表 1.1　各站点布设观测设备及技术参数

站点	设备名称	时空分辨率	其他参数
新源县站	C 波段双偏振雷达 （CINRAD/CC-D）	时间分辨率：6 min； 测量分辨率：反射率因子 0.5 dBZ； 速度：0.2 m·s^{-1}；谱宽：0.2 m·s^{-1}	探测距离： 强度：≥400 km；速度：≥150 km； 谱宽：≥150 km；双偏振：≥150 km
	双波段云雷达 （WR-KaKu，北京无线电 测量研究所/中国）	时间分辨率：1 min； 空间分辨率：回波强度：≤0.2 dBZ； 方位：≤0.5°；俯仰：≤0.5°； 径向速度：≤0.1 m·s^{-1}； 速度谱宽：≤0.1 m·s^{-1}	探测高度范围：120 m～20 km
	边界层风廓线雷达 （CFL-16A，北京无线电 测量研究所/中国）	高度分辨率： 低模式≤60 m（或者 50 m）； 高模式≤120 m（或者 100 m）。 时间分辨率： 五波束≤6 min（夏季）； 三波束≤6 min（冬季）	测风最小探测高度：60 m； 测风最大探测高度：≥3 km； 水平风速：0～60 m·s^{-1}； 风向：0～360°
	微雨雷达 （MRR-2，METEK/德国）	光谱采样速率：10 s； 垂直分辨率：150 m（冬季）， 200 m（夏季）	测量高度范围：30～6000 mm； 高度取样数：30 层； 雨滴谱粒径范围：0.109～6 mm
	二维视频雨滴谱仪 （2DVD，JOANNEUM RESEARCH/奥地利）	水平分辨率：≤0.2 mm； 垂直分辨率：≤0.2 mm（<10 m·s^{-1}）； 最小测量时间间隔：≤ 15 s	测量粒径范围：≥8 mm（液态）； 可分辨通道数：≥100 通道； 降水测量精度：±10%
	地基微波辐射计 （MP-3000，Radiometrics/ 美国）	时间分辨率：3 min； 垂直分辨率：0～500 m，50 m； 0.5～2 km：100 m； 2～10 km：250 m	通道数：共 35 通道； 探测高度：10 km
	激光云高仪 （TR-SkyVUE PRO， Campbell/美国）	时间分辨率：1 min	穿透云层：5 层
	激光雨滴谱仪（Parsivel2， OTT/德国）	时间分辨率：1 min； 空间分辨率：0.2 mm	粒径：0.2～25 mm； 速度：0.2～20 m·s^{-1}
	GPS/MET 水汽探测仪 （Trimble-5/9， Trimble/美国）	时间分辨率：30 min	整层
伊宁县站	C 波段多普勒天气雷达 （四创电子股份有限 公司/中国）	时间分辨率：6 min； 空间分辨率：150 m	雷达工作频率为 5.3～5.7 G， 方位角：0～360°； 探测范围：400 km， 速度、谱宽 200 km； 距离分辨率：150 m； 角度分辨率：≤0.01°

站点	设备名称	时空分辨率	其他参数
伊宁县站	微雨雷达	同上	同上
	二维视频雨滴谱仪	同上	同上
	地基微波辐射计	同上	同上
	激光云高仪	同上	同上
	激光雨滴谱仪	同上	同上
	GPS/MET 水汽探测仪	同上	同上

1.3　数据监测和传输系统

为了保障野外观测数据的完整性和有效性,在各观测基地设立专职人员负责各型仪器的开关机,数据上传和日常维护,并保障试验基地观测环境干净整洁。团队人员定期对各型仪器进行有效维护和标定工作,对出现的技术问题及时与厂家沟通加以解决,保障了各设备的正常运行。

在数据监测方面,开发了"西天山云降水观测数据综合监测系统"等多个数据监控及显示平台,实现了云降水物理外场观测试验数据[激光云高仪、二维视频雨滴谱仪、微雨雷达、微波辐射计、单(双)频毫米波云雷达、风廓线雷达、C 波段双偏振多普勒雷达等]的实时监测、存储及下载功能,避免因设备损坏、停电等引发的数据缺测情况的发生。

在数据传输方面,在业务观测网的基础上依托新疆气象信息中心购买了专有服务器,建立了分布式数据库,对业务常规资料、野外观测及卫星数据进行实时收集和存储实时数据和特种观测数据进行了分类,并对观测资料进行了质量控制,特别是对研究区出现的极端强降水天气进行重点关注,初步建立了中亚极端降水过程数据库。

在数据质控方面,针对不同观测平台,与设备厂家、中国气象科学研究院、中国科学院大气物理研究所等单位在风廓线雷达、云雷达、雨滴谱仪、C 波段双偏振多普勒天气雷达等数据质控方法开展共同攻关并已取得一些成果,包括利用 Battaglia 等(2010)对雨滴谱仪测量雨滴下落形变的订正方法对伊犁地区降水过程雨滴谱数据进行订正,利用 Greene、Gunn 的 M-Z 关系对云雷达观测的降雪雪粒子回波强度进行订正并反演液态水含量,对 C 波段双偏振多普勒雷达数据开展了利用雨滴谱数据模拟计算并利用差分相位(DP)方法、反射率-相位(Z-PHI)方法、自洽约束(SCWC)法等进行雷达衰减订正及基于雷达双偏振特性进行非气象回波的识别等方法的预研。

目前,通过质控后的观测数据包括水汽、温度、气压、风及降水等产品,具体产品及相应的观测设备等信息见表 1.2。

表 1.2　基地观测数据(产品)信息

产品类型	产品描述	设备	时间分辨率	站点个数
水汽产品	整层水汽	GPS/MET	30 min	67
	水汽廓线	微波辐射计	3 min	2
		微雨雷达	1 min	4

续表

产品类型	产品描述	设备	时间分辨率	站点个数
温度产品	温度廓线	微波辐射计	3 min	2
气压数据	地面气压	微波辐射计	3 min	2
风产品	风廓线	边界层风廓线雷达	6 min	1
降水产品	降水量、降水类型和宏微观物理特征	激光雨滴谱仪	1 min	8
		二维视频雨滴谱仪	1 min	2
		微雨雷达	1 min	4
		C 波段双偏振雷达	6 min	1
云观测产品	云高	激光云高仪	1 min	3
	云宏微观物理特征	Ka/Ku 双频毫米波云雷达	1 min	1

利用 2019—2021 年观测试验数据开展了相关研究,主要研究有天山云精细垂直结构观测特征、降雨/雪云与非降雨/雪云宏微观物理特征,天山不同季节、西天山和中天山不同云系降水物理观测特征,分析极端降水过程的雨滴谱特征和定量降水估测关系,基于 GPS/MET 水汽探测网给出了新疆区域大气水汽精细化时空分布特征,研究表明,天山云和降水宏微物理特征具有区域特点,与东部季风区和青藏高原有明显差异。

第 2 章　中国天山云宏微观物理观测特征

2.1　基于 Ka 波段云雷达的西天山云宏观观测特征

2.1.1　仪器和测量方法介绍

本研究使用的 Ka 波段毫米波云雷达(MMCR)安装在新疆新源县气象站,该站位于中国西北部的天山西部(图 2.1)。MMCR 在 Ka 波段发射 35 GHz 脉冲,用于观测降水云层、非降水云层和微量降水。MMCR 的探测范围达 15 km,具有较高的时空分辨率,四个主要产品为:雷达反射率因子、径向速度、频谱宽度和信噪比数据。表 2.1 给出了关于 MMCR 的相关参数。在本研究中,使用从 2019 年 2 月 1 日北京时间 00 时—2021 年 8 月 31 日北京时间 24 时观测数据,对云的垂直结构进行分析。总的样本量超过 1.17×10^6,缺失的观测数据是由于云雷达停电造成的。

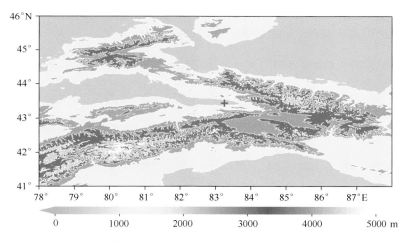

图 2.1　新源气象站的地理位置(海拔 929.7 m),阴影区域表示海拔高度

表 2.1　新疆新源县 Ka 波段云雷达的参数

参数	规格
频率	35 GHz ± 50 MHz(Ka 波段)
波长	8.6 mm
波束宽度	≤0.4°
射线类型	卡塞格伦(Cassegrain)

参数	规格
覆盖直径	1.8 m
探测范围	120 m～20 km
功率	≥20 W
空间分辨率	30 m
时间分辨率	1 min
发射器系统	全固态发射器
观测模式	垂直指向

根据以往的研究,由 MMCR 得出的云顶高度(CTH)可能会受到降雨的影响,因此有必要利用卫星观测产品对 CTH 进行比较和验证。风云 4A(FY-4A)气象卫星(https://satellite.nsmc.org.cn/portalsite/default.aspx)是第二代静止轨道气象卫星,于 2016 年 12 月 11 日成功发射,2017 年 9 月 25 日投入运行。具体来说,使用了 FY-4A 多通道扫描成像辐射计(AGRI)的红外窗口通道(11.0 μm 和 12.0 μm)和二氧化碳通道(13.3 μm)的 CTH 数据。FY-4A 每 15 min 对地球进行一次全盘扫描,在 2019 年 8 月 1 日以前每天可以获得 40 张全盘地球观测图像。2019 年 8 月 1 日以后,FY-4A 在没有全盘扫描的情况下,每 5 min 获取一张中国地区图像,每天可以获得 165 张中国地区图像。FY-4A CTH 数据集的空间分辨率为 4 km。为了验证从 MMCR 得到的 CTH 的准确性,FY-4A 得到的离新源县最近的网格内的 CTH 数据被提取出来,在空间上与 MMCR 数据匹配。

2.1.2 质量控制以及 CTH 和云底高度(CBH)的测定

由于 MMCR 的波长较短,对地面附近的灰尘、昆虫和水蒸气比较敏感,这可能会引起地面附近的一些非气象回波。由于雷达的工作状态和信号处理过程不稳定,也可能产生"随机噪声"。因此,有必要对 MMCR 数据进行质量控制,按照以下三个步骤计算 CTH 和 CBH。

首先,使用高斯滤波来消除"随机噪声"。第二步是使用反射率因子的最低阈值(−40 dBZ)来确定云的边界。第三步是通过质量控制提高云层边界信息的准确性。在进行过质量控制之后,按照以下方式确定云层边界:①对于厚度小于 210 m 的云层,如果它与最近的相邻云层之间的距离大于 720 m,则删除该云层,否则将其与最近的相邻云层合并;②然后进行地面杂波控制,识别出 CBH<510 m、厚度<1 km 的云层,并将其删除;③重新判断新生成的云层边界,剔除 CBH<1 km,厚度<2 km,且层内最大反射系数<−10 dBZ 的云层;④最后,检查云层的连续性,保证云体的层数不少于 5 层;如果云层与最近的相邻层之间的距离小于 510 m 或厚度大于 510 m,则将其与最近的相邻层合并,否则删除。最后,得到准确的云层边界。

2.1.3 ERA5 再分析资料

基于 ERA5 逐小时再分析数据分析大气环流,其分辨率为 0.25°×0.25°。本研究使用 2019—2021 年这段时间内的数据。

2.1.4　MMCR 和 FY-4A 观测 CTHs 比较验证

对 FY-4A 与 MMCR 观测的 CTH 进行比较验证。在两年半的观测期间,MMCR 和 FY-4A 同时观测得到了 50402 个样本。MMCR 和 FY-4A 观测的平均 CTH 分别为 6.83 km 和 6.54 km。进一步分析了 MMCR 和 FY4-A 观测的 CTH 的季节变化特征。表 2.2 列出了 MMCR 和 FY-4A 同时探测到的 CTH 的季节性统计,结果表明,MMCR 和 FY-4A 观测到的 CTH 在夏季最高、冬季最低,这可能与夏季的强对流活动和冬季的弱对流活动有关。MMCR 得出的 CTH 与 FY-4A 得出的 CTH 相近或更高,这可能与 FY-4A 更易观测到低冰晶云的 CTH 的原因有关。MMCR 和 FY-4A 的 CTH 的季节性平均差异在 0.05～0.48 km,在夏季差异最大。此外,两个 CTH 数据集在春季、夏季、秋季和冬季的相关系数分别为 0.60、0.59、0.62 和 0.66(通过 99% 的置信水平)。尽管 MMCR 得出的 CTH 略高于 FY-4A 得出的 CTH,但上述结果表明这两个数据集之间具有高度一致性。这与已有研究 FY-4A 和 MMCR 观测的 CTH 的平均相关系数高达 0.59 一致,新疆相关系数更高。

表 2.2　MMCR 和 FY-4A 观测 CTH 及平均差异(ΔCTH,MMCR 观测减 FY-4A 观测),
相关系数(CCs),以及每个季节的样本数

	春	夏	秋	冬
MMCR 观测 CTH/km	7.32	7.86	6.78	6.48
FY-4A 观测 CTH/km	6.74	7.06	6.32	5.93
ΔCTH/km	0.58	0.80	0.46	0.55
CCs	0.60*	0.59*	0.62*	0.66*
样本量	13274	14406	10997	11725

注: * 表示通过基于 Student's 的 t 检验 99% 置信水平。

2.1.5　降雨带来的潜在影响

以往的研究表明,降雨的频繁发生可能导致云层雷达信号的强烈衰减。因此,我们进一步分析降水对 MMCR 和 FY-4A 观测到的 CTH 可能影响。有降水云和无降水云样本量在春季分别为 2134 和 11140,夏季为 1779 和 12627,秋季为 1726 和 9271,冬季为 1279 和 10446,降水云占总云量的 11%～16%(表 2.3)。这与当地干旱气候背景一致。图 2.2 为 FY-4A 与 MMCR 在四个季节观测 CTH 的函数散点图,在降水和非降水情况下,FY-4A 得到的 CTH 与 MMCR 得到的数值相似,大多数情况位于 1∶1 线附近(图 2.2)。但在某些非降水条件下,MMCR 得出的 CTH 远高于 FY-4A 得出的 CTH,甚至有些 FY-4A 观测到的 CTH 是接地的,这可能是因为光学厚度较薄、反射系数较弱的云层不能被视为黑体,且云顶亮度温度与大气温度不一致,导致 FY-4A 卫星获得的 CTH 存在差异,还有研究表明,FY-4A 可能低估了冰晶云的 CTH,这两个原因可能是导致 MMCR 和 FY-4A 观察差异的部分原因。在某些降水条件下,特别在夏季,FY-4A 观测的 CTH 高于 MMCR 观测 CTH(图 2.2b),这种差异与表 2.2 中的平均差异明显不同。从表 2.3 可以看出,在非降水条件下,MMCR 和 FY-4A 的 CTH 季节性平均差异为正值,且夏季最高,但在夏季的降水条件下,MMCR 和 FY-4A 的 CTH 差异为负值。在非降水条件和降水条件下,两个 CTH 数据集的相关系数分别达到 0.62 和 0.81(99% 的置信水平)(表 2.3)。该结果表明,不仅在非降水条件下,而且在降水条件下,两个数

中国天山云和降水物理观测特征

据集的一致性很高,但降水对 MMCR 观测 CTH 可能产生明显影响。在四个季节中,无论是在降水条件下还是非降水条件下,冬季 FY-4A 与 MMCR 观测 CTH 最为接近,这可能与冬季对流活动较少、MMCR 衰减较小有关。

表 2.3　MMCR 和 FY-4A 观测降水和非降水云样本 CTH,它们的平均差异(ΔCTH,MMCR 观测减去 FY-4A 观测),相关系数(CCs),以及每个季节的样本数。样本量表示 MMCR 和 FY-4A 同时观测样本数

	春		夏		秋		冬	
	降水	非降水	降水	非降水	降水	非降水	降水	非降水
MMCR 观测的 CTH/km	7.28	6.97	7.32	7.59	6.63	6.38	6.19	6.34
FY-4A 观测的 CTH/km	7.83	6.56	8.37	6.89	7.40	6.17	6.58	5.87
ΔCTH/km	−0.55	0.41	−1.05	0.70	−0.78	0.21	−0.39	0.48
CCs	0.70*	0.57*	0.71*	0.51*	0.81*	0.60*	0.73*	0.62*
样本量	2134	11140	1779	12627	1726	9271	1279	10446

注:* 表示通过基于 Student's 的 t 检验 99％置信水平。

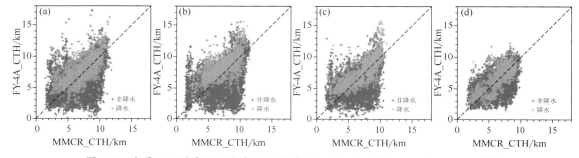

图 2.2　春季(a)、夏季(b)、秋季(c)和冬季(d),FY-4A 观测 CTH 与 MMCR 观测 CTH 的函数散点图。黑色的虚线表示 1:1 线

　　图 2.3 为四季降水和非降水情况下 ΔCTH(MMCR 观测 CTH 减去 FY-4A 观测 CTH)的直方图。从图 2.3 可以看出,在四个季节中,ΔCTH 的平均值在降水条件下为负值,在非降水条件下为正值,说明在非降水(降水)条件下,MMCR 倾向于高估(低估)CTH。本研究与已有研究结论基本一致。无论是降水还是非降水条件下,ΔCTH 的平均值在夏季最大。从方差可以看出,降水条件下的 CTH 分布比非降水条件下的 CTH 更集中。在降水条件下,春、夏、秋、冬(83％、75％、84％和 88％)ΔCTH 集中于 −2～2 km(图 2.3a—d)。在非降水条件下,春季、夏季、秋季和冬季(73％、69％、76％和 81％)ΔCTHs 集中于 −2～2 km(图 2.3e—h)。

　　已有研究表明,MMCR 的信号衰减对于云滴来说可以忽略不计。然而,雨中的衰减可能更明显。强烈的信号衰减限制了 MMCR 信号在强降雨中对降水云层的穿透力,只能达到几千米。为了加深降水对 MMCR 观测云层结构影响的理解,图 2.4 给出了 2020 年 6 月 28 日 MMCR 和 FY-4A 观测 CTH 对比。可以看出,降水从 13:00(北京时,以下未标注世界时均为北京时,下同)开始,最大雨量超过 3 mm·h⁻¹。在无降水(08:00—13:00)和弱降水(17:00—21:00)期间,MMCR 观测 CTH 与 FY-4A 观测 CTH 比较接近(图 2.4)。但值得注意的是,在

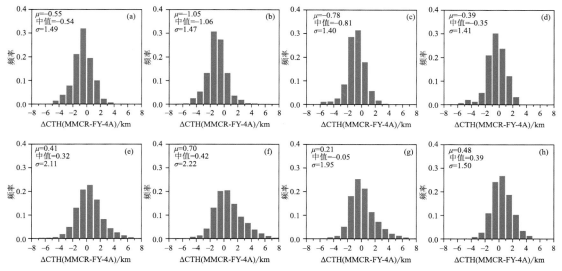

图 2.3 春季(a,e)、夏季(b,f)、秋季(c,g)和冬季(d,h)的降水样本(a,b,c,d)和非降水样本
(e,f,g,h)ΔCTH 柱状图。每张图都显示了平均值(μ,单位:km)、中值和标准偏差值(σ,单位:km)

非降水阶段(08:00—13:00),云层越薄越松,FY-4A 观测 CTH 越低于 MMCR 观测值。值得注意的是,在降水期(14:00—17:00 和 21:00—24:00),当降水超过 2 mm·h^{-1} 时,FY-4A 观测 CTH 明显高于 MMCR。特别在北京时间 16:15 雨量达到 2.4 mm·h^{-1} 时(图 2.4),FY-4A 与 MMCR 观测 CTH 之间的偏差超过 4.5 km。通过本个例分析:对于厚度大、回波强度高、连续性好的云层,MMCR 和 FY-4A 的 CTH 是相对一致的。对于连续性较差和云层厚度较薄的层状云,MMCR 和 FY-4A 的 CTH 存在一定差异,但变化趋势一致。对于连续性差、云层较薄的高云,MMCR 与 FY-4A 之间的 CTH 存在较大差异,且变化趋势一致性不明显(图 2.4b)。同时,在有降水的情况下,大雨点对信号的衰减可能是造成 MMCR 得出的 CTH 低于 FY-4A 卫星观测值的原因之一。此外,云或降水液滴的雷达反射系数与粒径成正比,在瑞利近似中为 6 次幂。因此,在降水条件下,很难区分由雨滴和云层边界造成的水汽边界,同时 CBH 在 0 km 左右(图 2.4b)。

为了定量分析 MMCR 和 FY-4A 在不同雨强下 CTH 差异,图 2.5 为不同雨强等级的 ΔCTH 的散点图和箱形图。总的来说,ΔCTH 随着雨强的增加而增加,冬季最为明显(图 2.5a—d)。由于春、夏、秋三季的雨强分布较广,从 0 mm·h^{-1} 到 7 mm·h^{-1} 不等,而冬季的雪强分布较窄,主要从 0 mm·h^{-1} 到 4 mm·h^{-1}。显然,ΔCTH 的分布在春、夏、秋三季比较分散,主要分布在 $-8 \sim 8$ km,而冬季则相对集中(图 2.5a—d)。一般来说,在雨量较大时,MMCR 观测到的 CTH 低于 FY-4A,这是由于强降水对 MMCR 观测的衰减作用(图 2.5e—h)。MMCR 在小雨强($R < 3$ mm·h^{-1})时略微低估了 CTH,而在大雨强($R \geqslant 3$ mm·h^{-1})时则严重低估了四季的 CTH。此外,在冬季弱降水条件下($R < 3$ mm·h^{-1}),与其他三个季节相比,衰减不明显,而当雪强大于 3 mm·h^{-1} 时,衰减最为明显。上述结果表明,MMCR 的信号衰减并不完全受雨量的影响,还受季节差异的影响,如不同季节降水云的对流发展高度。

中国天山云和降水物理观测特征

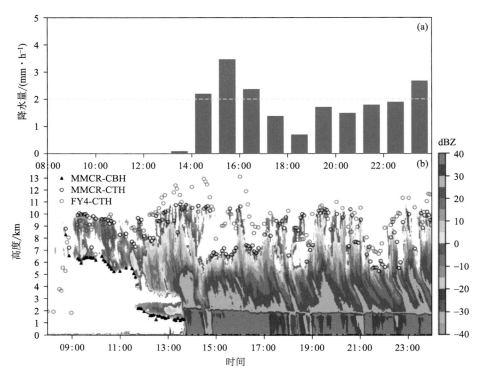

图 2.4　2020 年 6 月 28 日雨量计测量的每小时雨量的时间序列(a);MMCR 观测的雷达
反射率(阴影)、MMCR 和 FY-4A 推导的 CTH(MMCR:黑色圆圈;FY-4A:红色圆圈)以及
MMCR 推导的 CBH(黑色三角)的高度截面(b)

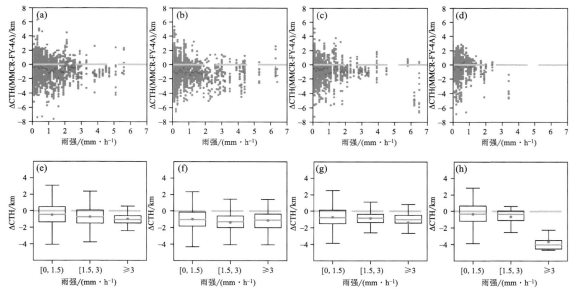

图 2.5　在春季(a)、夏季(b)、秋季(c)和冬季(d),ΔCTH 与雨强的关系散点图。(a)—(d)中的红线表示
不同雨强下的平均 ΔCTH。春季(e)、夏季(f)、秋季(g)和冬季(h),ΔCTHs 与不同雨强的箱形图

2.1.6　修正降水后的云结构统计特征

尽管在没有降水情况下,MMCR 对 CTH 和 CBH 的探测是准确的,但在降雨条件下,MMCR 对云层结构的探测并不十分理想。当有雨时,必须使用其他仪器来对 MMCR 的观测结果进行修正。以前的研究表明,在强降水条件下,FY-4A 和 HW8(Himawari-8)等卫星数据可以用来提供更准确的 CTH 观测数据。因此,从 FY-4A 得出的 CTH 有望修正从 MMCR 得出的 CTH 的衰减。在所有降水的情况下,用 FY-4A 得出的 CTH 来代替从 MMCR 得出的 CTH。现在应用 MMCR 和 FY-4A 的综合数据集来研究天山西部地区 CTH 和 CBH 的季节性变化。

图 2.6 为 MMCR 和 FY-4A 的综合数据集中分析 CTH 和 CBH 的季节性变化。对于降水和非降水多云天气,夏季的 CTH、CBH 和云层厚度最大(CTH:7.43 km,CBH:3.31 km,云层厚度:4.12 km),冬季最低(CTH:6.04 km,CBH:2.71 km,云层厚度:3.33 km)。冬季 CBH 最低可能与环境温度低有关,这使得水汽在上升运动条件下凝结或凝聚/碰撞形成云。夏季 CTH 高可能与对流云/降水有关。此外,降水条件下 CTH 略高于非降水条件下 CTH,降水条件下的 CBH 约为 0 km。

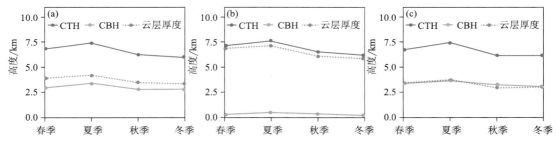

图 2.6　云层(a)、降水云(b)、非降水云(c)的 CTH、CBH 和云层厚度的季节性变化

除了分析云垂直结构的季节性变化特征外,其昼夜变化特征也尤为重要。图 2.7 给出了平均云量、降水云量和非降水云量的云发生频率的昼夜变化。可以看出,夏秋两季的云发生频率的昼夜变化非常明显。在夏季,云量的发生频率在北京时间 00:00—01:00 下降,在 01:00 达到最低值(35%),然后在 01:00 之后上升。在冬季,云量的出现频率在北京时间 02:00—10:00 的午夜接近最大值(45%),然后在 10:00 之后下降,在 14:00 达到最小值(36%),然后在 14:00 之后增加。相比之下,春秋两季云量出现频率的昼夜变化不太明显。在春季,云量的出现频率在 00:00—10:00 和 18:00—24:00 保持在 45% 附近,10:00 后有所下降,10:00—16:00 保持在最低值(40%)。在秋季,云量的出现频率在北京时间 02:00—10:00 的午夜增加,在北京时间 10:30 达到最大值(47%),然后在此之后下降。非降水云的昼夜变化特征与平均云量相似。降水云的昼夜变化特征没有非降水云和平均云量那么明显,最低频率出现在春、夏、冬季的 15:00—19:00。

虽然天山西部地区云量的昼夜变化趋势与以往的研究结果相似,但云的具体变化特征略有不同。以往的研究表明,云的昼夜变化主要由风和温度引起,即动力和热效应。为了研究云层昼夜变化特征的主要机制,我们进一步分析了新源气象站气象要素的昼夜变化特征。

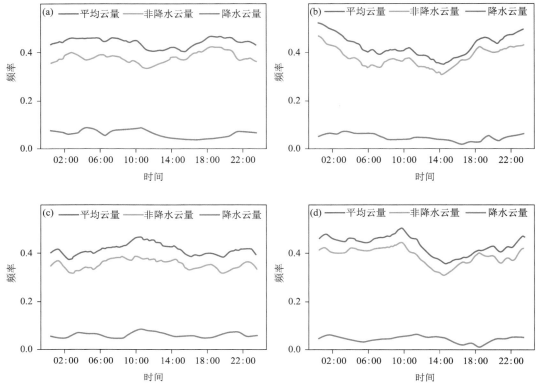

图 2.7　春季(a)、夏季(b)、秋季(c)和冬季(d)的平均云量、降水云量和
非降水云量的出现频率的昼夜周期

图 2.8 显示了温度、湿度、风向和风速在四个季节的昼夜变化。从图 2.8a 可以看出，新源站的温度昼夜变化明显，白天由于太阳辐射入射，温度较高，夏冬温差较大，这可以部分解释 CTH 和 CBH 的季节性变化。从湿度的昼夜变化可以看出，湿度在北京时间 07∶00—10∶00 后迅速下降，在 13∶00—19∶00 达到最低值，在 19∶00—21∶00 后四季都在上升(图 2.8b)。这一特征与云量的昼夜变化特征相似。日出至 15∶00，云发生频率下降，说明日出后湿度下降时，云发生频率迅速下降。

　　此外，MMCR 位于伊犁河谷喇叭口最东段。以往的研究表明，从年平均看，大尺度动力过程可能被削弱，而区域地形热力环流(如山谷风环流)可能在云层昼夜循环中起主导作用(Zhou et al.，2019；Zeng et al.，2020)。因此，需要对新源站的区域地形热力环流进行分析。从图 2.8c 可以看出，在夜间，山地的降温速率比谷地的降温速率快，导致东风从山地吹向谷地，并倾向于在谷地产生降水云。在白天，山地的加热速度比山谷的快，导致西风从山谷吹向山地。风速的昼夜变化与风向的昼夜变化相似(图 2.8d)，白天的风速大于夜间的风速，这可能是由于新源站位于中纬度西风带，所以夜间东风较弱，这也有利于夜间云的形成和维持。需要指出的是，在我们的统计中，非降水云占绝大多数，因此，图 2.8 中气象要素的昼夜变化可以看作是与非降水云有关的昼夜变化。上述结果表明温度、湿度、风场等热力和动力条件共同导致了云的昼夜变化特征。

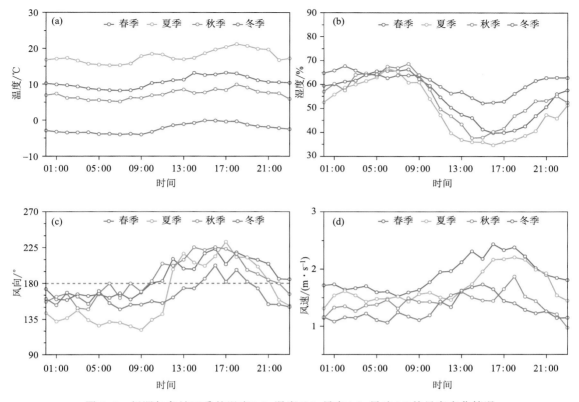

图 2.8　新源气象站四季的温度(a)、湿度(b)、风向(c)、风速(d)的昼夜变化情况

　　除了局部热力和动力条件对云层昼夜变化的影响外,大尺度环流也为云层昼夜变化的形成提供了一定条件。白天和夜间的大气环流存在一些差异,夜间从山区到平原的近地面风比白天天山西部上空的对流强。此外,对流层上部位势高度夜间比白天高,而对流层下部的位势高度夜间比白天低,这有利于夜间对流活动的发展。这也可以解释为什么北京时间 14:00 后云层的出现频率逐渐增加。

　　除了云的季节性和昼夜变化外,我们还分析了云的垂直结构特征。图 2.9 显示了 CTH、CBH 和云层厚度的高度分辨频率分布。春秋两季观测 CTH 有两个最可能的高度(MPH),对应的高度为 4~5 km 和 8~9 km(图 2.9a—d)。MPH 被定义为最可能发现 CTH 和 CBH 的高度。夏天,CTH 的两个 MPH 对应高度为 5~6 km 和 9~10 km;冬季只有 MPH 对应于 7~8 km 高度。这也验证了夏季 CTH 高于其他三个季节 CTH,而冬季 CTH 则低于其他三个季节 CTH。在非降水条件下,CTH 的垂直分布与云量相似,而在降水条件下,CTH 的垂直分布略有不同。在降水条件下,CTH 有两个 MPH,分别对应 7~8 km 和 4~5 km 高度(图 2.9d)。为了探讨 CTH 季节性差异的可能原因,图 2.10 显示了水汽通量的垂直分布,在新源纬向水汽输送占主导地位,其水汽输送量远远大于经向水汽输送(图 2.10a—b)。可以看出,春、夏、秋三季的水汽输送明显多于冬季,这有利于春、夏、秋三季对流活动的发生,夏季强水汽通量可能导致强对流活动多(图 2.10c)。

　　由于降水云的 CBH 基本在 0~1 km,所以本书只分析总云量和非降水云的 CBH 垂直分

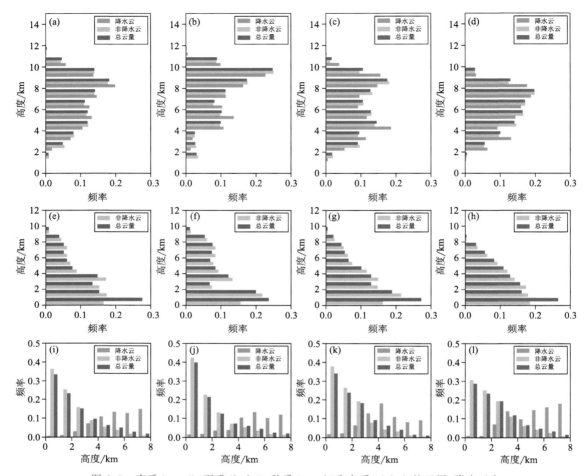

图 2.9 春季(a,e,i)、夏季(b,f,j)、秋季(c,g,k)和冬季(d,h,l)的云层、降水云和
非降水云的 CTH(a—d)、CBH(e—h)和厚度(i—l)直方图

布特征(图 2.9e—h)。可以看出,总云量和非降水云的 CBH 垂直结构分布基本相似。此外,要区分云和降水液滴是非常困难的,这也导致了 MMCR 明显低估了 CBH(Oh et al.,2016)。四季中 CBH 的 MPH 都位于 0～2 km 的高度,CBH 的出现频率随高度增加而逐渐减少(图 2.9e—h)。云层厚度指的是 CTH 和 CBH 之间的距离,其垂直分布频率分布见图 2.9i—l。总的来说,天山西部四季云层厚度频率的特征是单模态的。同时,可以看出,0～2 km 的云层厚度峰值多为非降水云(图 2.9i—l),而降水云在春、夏、冬三季的厚度常表现为 7～8 km,秋季为 5～6 km。

根据 Wang 等(1998)提出的云层分类方法,我们用综合数据集得出的 CBH 和 CTH 结果将云层分为高云(CBH≥6 km)、中云(2 km≤CBH≤6 km)和低云(CBH<2 km)。表 2.4 显示了在四个季节观测的总云、低云、中云和高云样本的数量。可以看出,四季低云比例为 43%～46%,中云比例为 35%～48%,而高云比例为 9%～21%。夏季的高云比例最高,而夏季的中云比例则低于其他三个季节。图 2.11 为新疆西天山不同云层的 CTH 和 CBH 的箱形图。值得注意的是,夏季低云、中云和高云的平均云顶高度都高于其他三个季节。夏季低、中、高云的

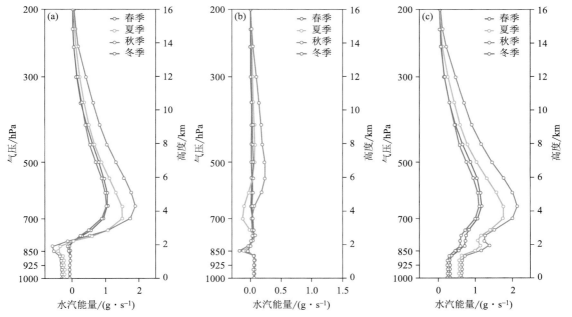

图 2.10 春、夏、秋、冬四季新源气象站纬向水汽通量(a)(单位:g·s^{-1})、经向水汽通量(b)
(单位:g/s);水汽通量(c)(单位:g·s^{-1})的垂直分布

平均 CBH(CTH)分别为 0.7(6.9) km、4.0(7.2) km 和 7.5(8.9) km。冬季低、中、高云的平均 CBH(CTH)最低,分别为 0.7(5.4) km、3.7(6.2) km 和 6.9(8.0) km(图 2.11)。

表 2.4 四季观测总云、低云、中云和高云样本数量

	春	夏	秋	冬
总云	158888	137244	90373	121736
低云(所占比例)	68074(43%)	59864(44%)	41389(46%)	52078(43%)
中云(所占比例)	66614(42%)	47460(35%)	37967(42%)	58262(48%)
高云(所占比例)	24200(15%)	29920(21%)	11017(12%)	11396(9%)

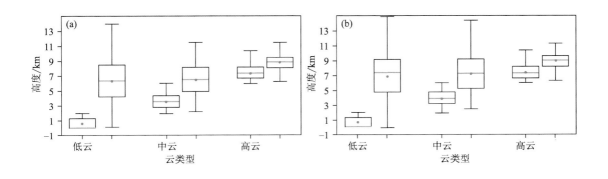

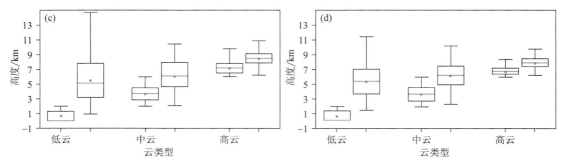

图 2.11　春季(a)、夏季(b)、秋季(c)和冬季(d)不同云类型的 CBH 和 CTH 的箱形图
框内表示第 25 和第 75 百分位数;异常值由第 5 和第 95 百分位表示
框内的线和绿点表示中位数和平均值

2.1.7　小结

对 2019 年 2 月 1 日—2021 年 8 月 31 日 MMCR 在天山西部观测的 CTH 和 CBH 进行了验证和校正。首先,通过比较 MMCR 和 FY-4A 观测的 CTH,评估了降水对 MMCR 观测的影响。结果表明,MMCR 和 FY-4A 的观测结果有很强的一致性,ΔCTH 的平均值在降水条件下为负值,在非降水条件下为正值,这与以往的研究一致。因此,在降水条件下,特别是当雨强大于 3 mm·h^{-1} 时,MMCR 观测到的 CTH 在一定程度上被削弱。因此,从 FY-4A 观测结果得出的 CTH 预计可以补偿从 MMCR 得出的 CTH 的衰减。基于对降水进行校正后的 MMCR 数据,制作了一个新的 CTH 和 CBH 数据集,用于揭示它们的季节性和昼夜变化的规律。这是第一次使用 MMCR 对云的气候学特征进行分析,以阐明它们在天山西部的时空分布特征。

在云的季节性变化方面,夏季的 CTH、CBH 和云厚最高(CTH:7.43 km,CBH:3.31 km,云厚:4.12 km),冬季最低(CTH:6.04 km,CBH:2.71 km,云厚:3.33 km)。在昼夜变化方面,四季的云发生频率昼夜变化显著,春、夏、冬三季的云往往在夜间(19:00—次日 10:00)频繁形成,在白天(11:00—17:00)逐渐消散。在秋季,云层往往在 10:00—14:00 形成,并在其他时间消散。云的季节性变化与夏季高温和冬季低温的特点有关,而云的昼夜变化则与特殊的向西开口的喇叭口地形造成的温度、湿度和风力的昼夜变化有关。

在垂直方向上,春秋两季的 CTH 有两个 MPH,对应的高度为 4~5 km 和 8~9 km。夏季 MPH 对应高度是 5~6 km 和 9~10 km。至于冬季,CTH 只有一个 MPH 对应 7~8 km 高度。在非降水条件下,CTH 的垂直分布与云层相似,而在降水条件下,CTH 在四季中常表现为:春季 8~9 km、夏季 9~10 km、秋季 5~6 km 和冬季 7~8 km 高度。与夏季强对流活动相关的高 CTH 可能与夏季相对充足的水汽输送有关。四季中 CBH 的 MPH 最常位于 0~2 km 高度,CBH 出现频率从地面到 10 km 随高度逐渐减少。厚度小于 2 km 的薄云占四季云量的近 55%,降水云的最可能厚度在春、夏、冬三季达到峰值 7~8 km,秋季峰值达到 5~6 km。

根据 Wang 等(2018)提出的云分类方法,我们用 CBH 和 CTH 的统计结果分为高云、中云和低云。可以看出,四季低云样本的比例为 43%~46%,中云样本的比例为 35%~48%,而高云样本的比例为 9%～21%。夏季的高云比例最高,中云比例则低于其他三个季节。值得注意的是,夏季低云、中云和高云的平均云顶高度都高于其他三个季节。冬季低云、中云、高云的平均 CBH 和 CTH 最低。

2.2 基于 Ka 波段云雷达的西天山夏季降雨云宏微物理观测特征

2.2.1 数据资料

选取 2019 年、2020 年 5—8 月共 8 个月降雨时的数据,降雨量为逐小时降水资料,单位为 mm·h^{-1}。在分析和统计中,小时降雨量大于或等于 0.1 mm·h^{-1} 的时次判定为有降雨发生。通过对云雷达资料观测即使有些时次被判定为有降雨发生,但由于降雨时间较短也会有一些时刻并没有发生降雨,由于云雷达夏季非降雨时刻在低层会出现晴空回波,因此通过对云雷达资料剔除无降雨时刻的数据,只保留被判定为有降雨发生时次且有降雨时刻的数据。由于降雨时毫米波雷达的回波强度会有衰减,因此厂家使用了 K-Z 衰减订正法对回波强度进行了订正。本文所使用时间均为北京时。

雷达参数在 3.8 km 高度上有明显的分层(图 2.12),这是由于毫米波云雷达在探测弱回波时,不仅需要满足探测距离而且还要确保探测能力采用脉冲互补技术,雷达使用宽脉冲保证有足够的探测能力对弱回波进行探测,但是在低层会有探测盲区的出现,这部分盲区使用窄脉冲来进行探测,但窄脉冲对弱回波的探测能力有限,因此低层回波很弱时就会有回波不连续的现象发生。

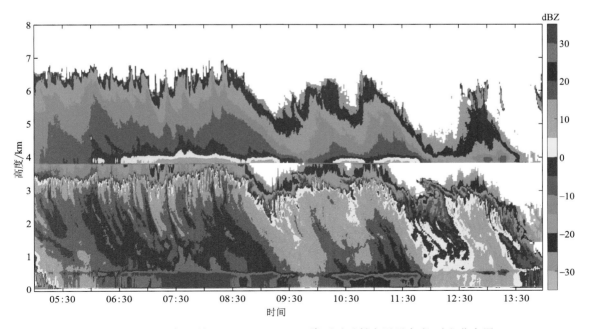

图 2.12　2019 年 5 月 5 日 05:00—14:00 降雨时反射率因子高度-时空分布图

选择有降雨发生时刻的降雨量数据和该时刻所对应的云雷达数据进行分析。小时降雨量为 R，本文参考黄秋霞等（2015）分类标准，按照小时降水量 $0.1\text{ mm} \leqslant R < 1\text{ mm}$、$1\text{ mm} \leqslant R < 3\text{ mm}$、$R \geqslant 3\text{ mm}$ 将降雨分为小雨强、中雨强、大雨强。观测期间一共有 381 h 的降雨，其中小雨强有 242 h，中雨强有 110 h，大雨强有 29 h。由于各种原因导致云雷达有些缺测，云雷达的有效降雨数据有 323 h，其中小雨强有 214 h，中雨强有 88 h，大雨强有 21 h。云雷达时间分辨率为 1 min，将 1 min 作为 1 个观测样本，因此共获得了 19980 份有效降雨观测样本，其中小雨强、中雨强、大雨强分别有 12840 个、5280 个、1260 个样本。

2.2.2 云雷达云顶分析方法

按照吴翀等（2017）的方法得到云顶高度。将云雷达观测到的有效云信号的边界作为云边界，沿距离把云雷达每个径向数据分为一段一段连续的有效数据段，如果相邻两个回波段的间距小于一定阈值（90 m），则把这两个段合并为一个段，如果段的长度小于设定的阈值（120 m）则删除这个数据段。这样连续有效的数据段的上沿为云顶。

2.2.3 归一化等频率高度图

Yuter 等（1995）首先提出等频率高度图（CFAD）用于显示风暴统计分布特征，由于 CFAD 在某些高度层如果没有足够的样本量就会扩大风暴在该高度层的频率，实际上风暴在该高度中出现的次数并不多。因此 Fu 等（2003）和 Guo 等（2018）提出了一种改进 CFAD 的方法，称为归一化等频率高度图（Normalized Contoured Frequency by the Altitude Diagram，NCFAD），即对所有高度层的样本量作归一化处理。本文采用 NCFAD 方法来研究降雨时云的垂直结构，即在某一高度层、某数值范围内雷达反射率因子、径向速度和液态水含量出现的次数占所有高度层上出现次数的百分比。NCFAD 的计算式为：

$$\text{NCFAD} = \frac{N_z(i,j)}{\displaystyle\sum_{i=1}^{h}\sum_{j=1}^{n} N_z(i,j)} \tag{2.1}$$

式中，$N_z(i,j)$ 是频率分布函数，定义为第 i 层高度和第 j 个反射率因子、径向速度、液态水含量出现的次数。210 m 以下是毫米波云雷达的盲区，因此只取 210 m 以上的数据。在归一化等频率高度图中纵坐标为高度，为了方便计算和统计，将归一化等频率高度图垂直分辨率由 30 m 调整为 150 m，共计 93 层；纵坐标分别是反射率因子（Z）、径向速度（V）和液态水含量（LWC），间隔分别为 1 dBZ、0.25 m·s^{-1} 和 0.1 g·m^{-3}。

2.2.4 液态水含量反演

雷达照射体积内水凝物粒子的物理特性与其后向散射能力有密切的联系，在 Rayleigh 散射的条件下，雷达观测的反射率因子与雨滴直径的六次方成正相关。在用 Ka 波段雷达观测降雨时 Rayleigh 散射的假设一般不再成立。所以通常用等效反射率因子 Z_e 表示，单位是 mm^6·m^{-3}，由于 Z_e 变化范围很大，往往跨越几个数量级，为了应用方便，通常用 dBZ 来表示反射率因子的大小，即：

$$\text{dBZ} = 10 \cdot \lg \frac{Z_e}{Z_0} \quad (Z_0 = 1\text{ mm}^6 \cdot \text{m}^{-3}) \tag{2.2}$$

Atlas(1954)首先提出 Z_e 与液态水含量 LWC 存在幂指数关系:

$$LWC = aZ_e^b \qquad (2.3)$$

式中,a,b 为经验系数。

李海飞(2018)对前人云中形成降水和非降水,毛毛雨和小雨回波强度阈值进行了分析,最终根据 Shupe(2007)取 -17 dBZ 为区分毛毛雨和非降水性水凝物的阈值,取 5 dBZ 为区分毛毛雨和小雨的阈值。根据回波强度采用不同的经验公式,非降水粒子采用 Atlas(1954)的经验公式,毛毛雨采用 Baedi 等(2000)的经验公式,小雨采用 Krasnov 等(2005),详见表 2.5。

表 2.5 回波分类法经验公式

回波强度 Z 分类	反演方法	经验关系
$Z < -17$ dBZ	$LWC = 4.564 Z_e^{0.5}$	Atlas(1954)
-17 dBZ $\leqslant Z < 5$ dBZ	$LWC = 0.457 Z_e^{0.19}$	Baedi 等(2000)
$Z \geqslant 5$ dBZ	$LWC = 0.02584 Z_e^{0.633}$	Krasnov 等(2005)

2.2.5 降雨日变化

图 2.13 是降雨频次和累积降雨量日变化。降雨频次日变化明显,降雨主要集中在 22:00—次日 08:00,该时段降雨发生次数为 211 次,占总降雨次数的 55.38%,05:00—06:00 降雨频次达到最高为 24 次。降雨频次最低的两个时段是 15:00—16:00 和 16:00—17:00,都为 8 次。累积降雨量波动性较大,最大值出现在 22:00—23:00,为 30.6 mm,最小值出现在 13:00—14:00,为 6.2 mm。累积降雨量集中在 21:00—次日 07:00,占总降雨量的 54.3%。从相关性来看,降雨频次和累积降雨量正相关,相关系数为 0.71。

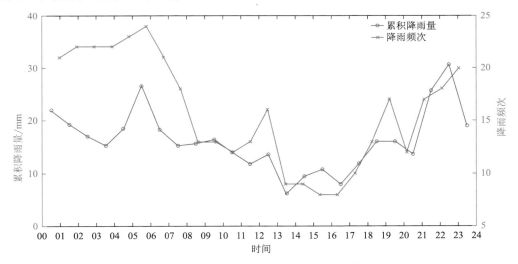

图 2.13 降雨频次、累积降雨量日变化

根据雨强的分类,我们分析了小雨强、中雨强和大雨强出现频次(图 2.14a)和各自累积降雨量(图 2.14b)日变化。图中分别将小雨强、中雨强、大雨强标为 Ⅰ、Ⅱ、Ⅲ 型降雨(图 2.15 做了同样的标注)。图 2.14a 可得小雨强频次最多,23:00—次日 08:00 频次较高,其中 03:00—04:00 最高达 17 次,此后降雨频次呈下降趋势,15:00—16:00、16:00—17:00 两个时段达到最

低为 5 次,整体看白天的降雨频次较夜间低。中雨强频次日变化较小,但也为白天的降雨频次较夜间低,21:00—次日 07:00 频次较高,最高在 22:00—23:00 为 8 次,最小在 15:00—16:00 为 1 次。由于小时降雨量级大于 3 mm 的次数很少,且只有 2 a 的降雨资料,因此大雨强在某些时段频次为 0,降雨频次最多时段分别为 00:00—01:00、05:00—06:00 和 22:00—23:00,都为 3 次。结合所有降雨发生频次日变化(图 2.13)发现,22:00—23:00 降雨主要由中雨强引起,其余时段的降雨主要由小雨强引起,大雨强对总降雨发生频次贡献最小。

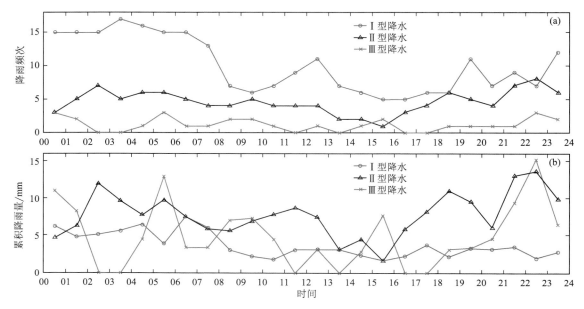

图 2.14　各雨强降雨频次(a)、累积降雨量(b)日变化

由图 2.14b 得小雨强累积降雨量在 00:00—08:00 较大,06:00—07:00 最大为 7.5 mm,09:00—24:00 都在 3.7 mm 及以下,15:00—16:00 最小为 1.6 mm。中雨强累积降雨量大多数时次大于小雨强和大雨强的累积降雨量,17:00—次日 07:00 较大,22:00—23:00 最大为 13.6 mm,15:00—16:00 最小为 1.5 mm。大雨强累积降雨量跳跃性较大,存在五个时段较大,分别为 00:00—02:00、05:00—06:00、08:00—10:00、15:00—16:00、22:00—23:00,其中 22:00—23:00 最大为 15.1 mm。小雨强、中雨强、大雨强累积降雨量占总累积降雨量比重分别为 22.57%、47.44%、29.99%,虽然大雨强降雨频次最少,但对总累积降雨量贡献要大于小雨强。

2.2.6　降雨云日变化

云顶高可以反映降水系统对流活动的强弱,对流活动越强,云顶高越高。图 2.15 是降雨云顶高日变化箱型图,最高和最低点分别表示最大值和最小值,盒子上下横线分别为 75% 和 25% 百分位值,盒子中间的红线表示 50% 百分位值。黑色虚线代表所有降雨云顶高中位值为 9.09 km(离地高度,下同)。由图 2.15 可见云顶高最大值较为稳定,12:00—21:00 云顶高样本分布集中,21:00—次日 12:00 云顶高变化范围较大。10:00 后云顶高中位值逐渐升高,12:00—21:00 云顶高中位值较高,基本在 9.5 km 左右并维持稳定。21:00—次日 12:00 时段云顶高中位值较低,07:00—08:00 全天最低为 7.73 km。

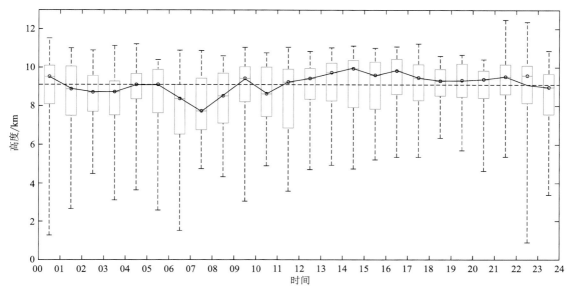

图 2.15　降雨云顶高的日变化箱型图

图 2.16 为不同时段 Z 的 NCFAD,由于 2 km 附近有零度层亮带,因此反射率因子突然增大。06:00—09:00 云顶高度最低(图 2.16c)。图 2.16d—h 显示了低层强反射率频率从增加到减小的发展过程,09:00—12:00 强反射率在低层出现的频率较低(图 2.16d),5 km 以下、15 dBZ 以上的反射率因子频率集中在 0.06% 以下。12:00—15:00 强反射率在低层逐渐增大(图 2.16e)。15:00—18:00 时段低层强反射率频率达到最大(图 2.16f),15 dBZ 以上的反射率因子频率在 0.08% 以上,分布在 2~5 km 和 0.21~2.5 km,相应的反射率因子集中在 16~25 dBZ 和 28~40 dBZ。18:00—21:00 和 21:00—24:00 低层强反射率频率逐渐减小。后半

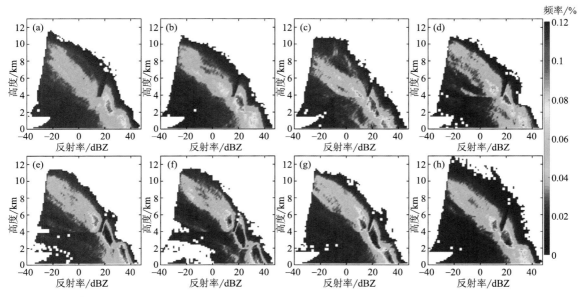

图 2.16　反射率因子在降雨期间 00:00—03:00(a)、03:00—06:00(b)、06:00—09:00(c)、09:00—12:00(d)、12:00—15:00(e)、15:00—18:00(f)、18:00—21:00(g)、21:00—24:00(h)的归一化等高频率图

夜低层强反射率频率保持稳定(图 2.16 a—b)。午后至傍晚云顶高较高是由于太阳辐射加热地表,并通过地表感热通量加热近地面大气,不稳定性增强,使得这段时间对流运动增强。

2.2.7 不同量级降雨云微观物理特征

图 2.17 是不同雨强的平均 Z、平均 LWC 垂直廓线。由图 2.17a 可知,小雨强 $1.75\sim$ 3.50 km 平均 Z 随着高度的降低而增加,$1.50\sim1.75$ km 平均 Z 随着高度的降低而减小,平均 Z 在 1.75 km 附近存在明显的向右弯曲,该高度平均 Z 的极大值为 27.75 dBZ,说明小雨强在 1.75 km 附近有明显的"亮带"结构;1.5 km 以下平均 Z 随着高度的降低而增加,0.21 km 处达到了最大值 30 dBZ。中雨强平均 Z 整体上随着高度的降低而增加,0.21 km 处达到了最大值 35.8 dBZ;$2.5\sim3.0$ km 高度范围平均 Z 增加速率明显大于其他高度,说明中雨强此范围粒子碰并增长效果较强。大雨强 9 km 以下平均 Z 随着高度降低逐渐增加,0.21 km 处达到了最大值 39.5 dBZ;$2.5\sim3.5$ km 高度范围平均 Z 增加速率明显大于其他高度,说明大雨强该范围粒子聚合碰并增长效果较强。多数情况下降雨强度越大,相对应的平均 Z 越大,但 $3.5\sim4.4$ km 中雨强与大雨强平均 Z 几乎相同,$7.2\sim8.2$ km 小雨强、中雨强、大雨强的平均 Z 几乎相等,11.6 km 以上小雨强和大雨强平均 Z 相差无几,中雨强的平均 Z 大于前两者;小雨强、中雨强、大雨强在高层中均有随着高度降低平均 Z 急剧增加后减小的现象,表明冰粒子先显著增加后由于聚合作用减少,小雨强、中雨强、大雨强出现该现象的范围分别为 $10.5\sim11.5$ km、$11\sim13$ km、$9\sim11.5$ km。

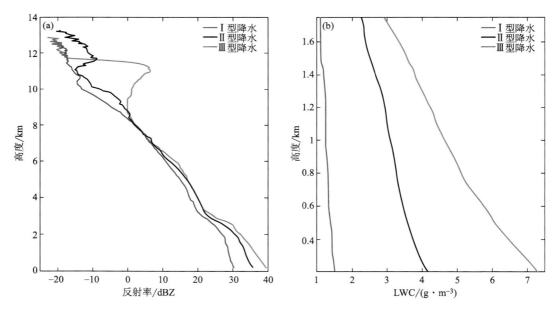

图 2.17 各雨强降雨云垂直廓线平均反射率因子(a)和平均液态水含量(LWC)(b)

由于零度层以上的云是固态的,图 2.17 与图 2.19 液态水含量取 1.75 km 以下的云进行分析。图 2.17b 表明小雨强、中雨强、大雨强 1.75 km 以下平均 LWC 随着高度变化的趋势与平均 Z 一致,随着高度的增加而减小。1.75 km 处小雨强、中雨强、大雨强平均 LWC 分别为 1.12 g·m^{-3}、2.28 g·m^{-3}、2.93 g·m^{-3},0.21 km 处平均 LWC 小雨强为 1.5 g·m^{-3},中雨强为 4.2 g・m^{-3},大雨强为 7.3 g・m^{-3}。

图 2.18、图 2.19、图 2.20 分别是小雨强、中雨强、大雨强降雨云 Z、LWC、V 的 NCFAD。小雨强 10 km 以上降雨云占总云的比例较小,Z 基本在 0 dBZ 以下,主要集中在两个高度范围,分别是 0.21～2.00 km、2.0～4.2 km,Z 主要集中在 24～32 dBZ、16～26 dBZ,Z 的最大值为 48 dBZ(图 2.18a)。中雨强 9 km 以上降雨云占总云的比例较小,Z 基本在 10 dBZ 以下,主要集中在两个高度,分别是 0.21～2.50 km、2.0～4.2 km,Z 主要集中在 29～38 dBZ、15～25 dBZ,Z 最大值为 46 dBZ(图 2.18b)。大雨强 9 km 以上降雨云占总云的比例较小,Z 基本在 5 dBZ 以下,主要集中在两个高度,分别是 0.21～2.50 km、2.0～4.4 km,Z 主要集中在 31～42 dBZ、16～26 dBZ,Z 最大值为 48 dBZ(图 2.18c)。小雨强、中雨强、大雨强 Z 归一化等频率高度图趋势一致,但随着雨强的增加 Z 越集中。不同雨强 Z 都有两个集中区域,高度较高的区域 Z 的大小与高度都差不多,高度较低的区域 Z 的大小随着降雨强度增加而增加。

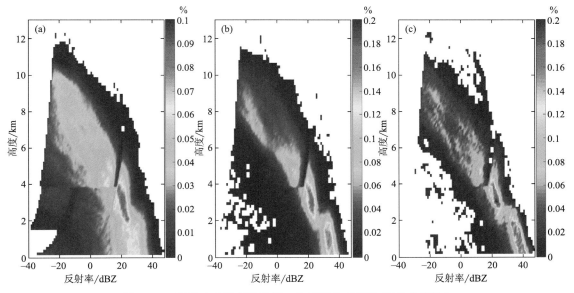

图 2.18　降雨云反射率因子归一化等频率高度图(填色为频率)

(a)小雨强;(b)中雨强;(c)大雨强

1.75 km 以下小雨强 LWC 大多小于 2 g・m^{-3},最大为 15.2 g・m^{-3}(图 2.19a)。中雨强 LWC 大多小于 5 g・m^{-3},最大为 16.7 g・m^{-3}(图 2.19b)。大雨强 LWC 大多小于 10 g・m^{-3},最大为 19.8 g・m^{-3}(图 2.19c)。对比小、中、大雨强 LWC 归一化等高频率图可知,LWC 的范围随着雨强的增加而增加,随着高度的降低而增加。中雨强和大雨强 1.75 km 以下 LWC 小于 1 g・m^{-3} 的频率明显小于小雨强,这是由于中雨强和大雨强降雨量较大,降雨量越大低层中 LWC 越大,因此 LWC 在 1 g・m^{-3} 以下的概率减小。

径向速度 V 为正时表示粒子速度向上,为负时表示粒子速度向下。由图 2.20 可知,2.0～9.5 km 小雨强、中雨强、大雨强 V 集中在 -1.8～-0.3 m・s^{-1},随着高度降低降水粒子的下降速度越大。2 km 以下表现出明显的向下运动,可能是因为粒子在经过融化层后下落速度明显增大。0.21～2.00 km 小雨强、中雨强、大雨强 V 分别集中于 -5.5～-4.0 m・s^{-1}、-7～-5 m・s^{-1}、-7.5～-5.0 m・s^{-1}。对比小雨强、中雨强、大雨强 V 的归一化等频率高

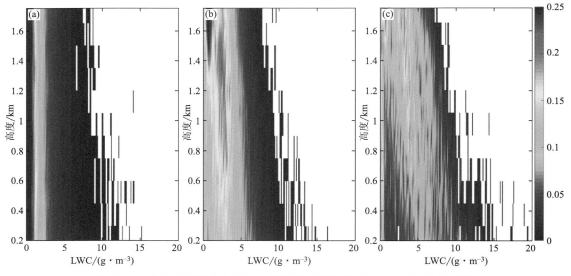

图 2.19　降雨云液态水含量归一化等频率高度图（填色为频率，单位：%）

（a）小雨强；（b）；中雨强（c）大雨强

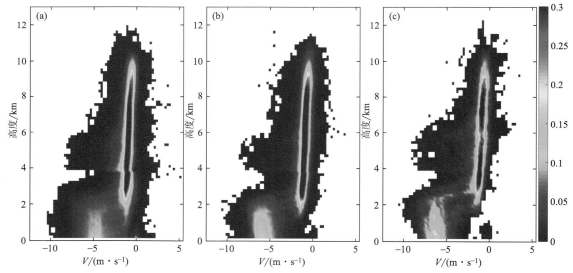

图 2.20　降雨云径向速度归一化等频率高度图（填色为频率，单位：%）

（a）小雨强；（b）中雨强；（c）大雨强

度图可知，随着雨强的增加降雨粒子 V 越集中。

2.2.8　小结

　　基于毫米波云雷达和自动气象站逐小时降雨资料对伊犁河谷地区 2019 年和 2020 年 5—8 月共 8 个月的降雨及降雨云日变化进行分析，按照小时降雨量将降雨分为小雨强、中雨强、大雨强，分析了这三类雨强的反射率因子 Z、径向速度 V、液态水含量 LWC 微物理特征。主要结论如下。

（1）降雨主要发生在夜间,累积降雨量集中在 21:00—次日 07:00,降雨频次和累积降雨量正相关,相关系数为 0.71。22:00—23:00 降雨主要由中雨强引起,其余时段降雨主要由小雨强引起。大雨强降雨频次最少,但对总累积降雨量贡献大于小雨强。

（2）小雨强、中雨强、大雨强粒子聚合碰并增长效果较强的高度分别为 1.8～2.8 km、1.6～2.5 km、2.5～3.5 km,平均 Z 最大值分别为 30 dBZ、35.8 dBZ、39.5 dBZ,最大平均 LWC 分别为 1.5 g·m^{-3}、4.2 g·m^{-3} 和 7.3 g·m^{-3}。

（3）雨强越大 Z 的集中度越高,不同雨强 Z 都有两个集中区域,较高集中区域 Z 集中在 15～26 dBZ,高度范围为 2.0～4.4 km;小雨强、中雨强、大雨强较低集中区域 Z 分别集中在 24～32 dBZ、29～38 dBZ、31～42 dBZ。LWC 的范围随着雨强的增加而增加,随着高度的降低而增加。中雨强和大雨强 1.75 km 以下 LWC 小于 1 g·m^{-3} 的频率明显低于小雨强。降水粒子的下降速度随着高度的降低而增大,雨强越大降雨粒子 V 越集中。

许多学者对其他地区降雨云进行了一些类似的研究,结果与中国西天山地区有异同。如常祎等（2016）发现青藏高原那曲地区夏季降雨云顶高在午后至前半夜最高,与天山地区云顶高趋势一致。西天山区地区降雨云反射率因子最大值和集中区域反射率因子大于北京（Zhang et al.,2019b）和东亚大陆区域（Yin et al.,2013）。本书利用云雷达资料对西天山地区 2019 年和 2020 年 5—8 月共 8 个月降雨云进行日变化和宏微观物理特征分析,加深了对西天山地区降雨云的认识,为进一步认识新疆西天山地区降雨云的结构特征提供了数据依据。但该研究仅用了两年的云雷达数据,且仅应用 Z、V、LWC、夏季降雨云宏微观物理特征开展分析,后期可结合更多的微物理量如粒子半径、粒子数浓度对西天山区云特征进行更深入分析。另需要说明的是云雷达对应强降水观测,即使进行了衰减订正,回波强度的垂直变化等也会有明显的误差,原因包括:回波强度本身存在的系统偏差,K-Z 关系的差别等。

2.3　基于 Ka 波段云雷达的西天山冬季降雪云和非降雪云宏微物理观测特征

2.3.1　数据资料

观测时间为 2019 年 1—2 月、2019 年 12 月—2020 年 2 月 5 个月,降雪量为新源气象站称重式雨量计观测数据,单位为 mm·h^{-1}。在分析和统计过程中,小时降水量大于或等于 0.1 mm·h^{-1} 的时次判定为有降水发生,再根据云雷达图判断有降水发生时降雪云是否连续,若连续则判断为一次降雪过程,并将一次降雪开始时刻至降雪结束时刻的小时数定义为一次降雪持续时间。

新疆现行的降雪业务标准为:24 h 降雪量为 R,当 0.1 mm≤R≤3.0 mm 为小雪,3.1 mm≤R≤6.0 mm 为中雪,6.1 mm≤R≤12.0 mm 为大雪,12.1 mm≤R≤24.0 mm 为暴雪,24.1 mm≤R≤48.0 mm 为大暴雪,R≥48.1 mm 为特大暴雪（刘晶 等,2018）。本书按照以上标准将新源 2019—2020 年观测期间的降雪分为小雪、中雪和大雪,由于暴雪过程只有一次,时间为 2020 年 4 月 18 日 19:00—19 日 13:00,降雪量为 13.3 mm,为方便统计分析将这一次暴雪过程归类为大雪。共收集到 23 次降雪过程,分别为小雪 12 次、中雪 7 次、大雪 4

次,云雷达时间分辨率为 1 min,因此将 1 min 作为 1 个观测样本,因此共获得了 13920 份有效降雪观测样本,其中小雪、中雪、大雪过程分别有 4020、5820、4080 个观测样本。非降雪云有 41908 个观测样本。表 2.6 为降雪等级、时间段、持续时长、降雪量。小雪过程平均降雪时长为 5.58 h,最长降雪时长为 16 h,平均降雪量为 1.26 mm,小时降雪量只有 3 h 为 0.6 mm·h^{-1},其余时间段都在 0.5 mm·h^{-1} 及以下。中雪过程平均降雪时长为 13.86 h,最长降雪时长为 22 h,平均降雪量为 4.06 mm,大多数小时降雪量在 0.5 mm·h^{-1} 及以下,最大小时降雪量为 1.3 mm·h^{-1}。大雪过程平均降雪时长为 17 h,最长降雪时长为 27 h,平均降雪量为 10.23 mm,小时降雪量大部分在 0.5 mm·h^{-1} 及以上,最大小时降雪量为 1.8 mm·h^{-1}。小时平均降雪量为该等级下总降雪量除以总降雪时间,小雪小时平均降雪量为 0.225 mm·h^{-1},中雪小时平均降雪量为 0.294 mm·h^{-1},大雪小时平均降雪量为 0.601 mm·h^{-1}。

表 2.6 不同降雪等级降雪时间段、时长、降雪量

降雪等级	时间段 (年-月-日时)	持续时长/h	降雪量/mm
小雪	2019-01-29 06 时—2019-01-29 07 时	1	0.2
	2019-02-15 21 时—2019-02-16 11 时	14	2.1
	2019-11-25 19 时—2019-11-25 21 时	2	0.5
	2019-11-27 11 时—2019-11-27 12 时	1	0.3
	2019-12-20 10 时—2019-12-20 15 时	5	1.6
	2019-12-24 07 时—2019-12-24 14 时	7	0.6
	2020-01-16 09 时—2020-01-16 12 时	3	0.8
	2020-01-17 03 时—2020-01-17 13 时	10	2.7
	2020-01-28 08 时—2020-01-28 10 时	2	0.7
	2020-02-11 13 时—2020-02-11 14 时	1	0.3
	2020-02-16 11 时—2020-02-17 03 时	16	2.8
	2020-02-25 06 时—2020-02-25 11 时	5	2.5
	平均值	5.58	1.26
中雪	2019-02-10 17 时—2019-02-11 03 时	10	4.3
	2019-02-12 11 时—2019-02-12 23 时	12	3.2
	2019-02-21 10 时—2019-02-22 08 时	22	4.2
	2019-11-07 19 时—2019-11-08 06 时	10	4.1
	2019-12-22 06 时—2019-12-23 01 时	19	3.8
	2020-01-14 08 时—2020-01-14 23 时	15	4.3
	2020-02-27 21 时—2020-02-28 06 时	9	4.5
	平均值	13.86	4.06
大雪	2019-02-01 00 时—2019-02-02 03 时	27	11.5
	2019-02-06 10 时—2019-02-06 20 时	10	8.0
	2020-02-14 01 时—2020-02-14 15 时	14	8.1
	2020-02-18 19 时—2020-02-19 13 时	17	13.3
	平均值	17	10.23

2.3.2　雪粒子含水量反演

云中液态水含量是一个特别重要的气象要素,液态水含量的量级和空间分布是研究云动力学的一个重要指标,它们反映了云中凝结和发展程度。目前为止,依然没有准确测量液态水含量量级的方法,但相对量级和空间分布能够使用雷达测量,需要对云中滴谱作出假设。雪粒子含水量也能够用云液态水含量相似的方法计算。Marshall 等(1948)提出 Marshall-Palmer 滴谱分布(M-P 分布),Greene 等(1972)使用 M-P 分布提出液态水含量 M 与雷达反射率因子 Z_e 可表示为:

$$M = \frac{\rho \pi}{6} \int_0^x n(D) D^3 \, \mathrm{d}D \qquad (2.4)$$

$$Z_e = \int_0^x n(D) D^6 \, \mathrm{d}D \qquad (2.5)$$

式中,x 为最大滴直径,D 是直径,ρ 为水的密度。一定条件下冰晶可碰撞合并为雪花,在这样的聚合过程中,温度与冰雪晶的形状起主要作用。Gunn 等(1958)得到雪花尺度关系类似于降雨时的 M-P 分布,并且提出关系式:

$$n(D_0) = n_0 \exp(-\Lambda D_0) \qquad (2.6)$$

式中,$\Lambda = 25.5 I^{-0.48}$,$n_0 = 3.8 \times 10^3 I^{-0.87}$,$D_0$ 为雪融化为水滴的等效直径,单位是 mm;I 为降水率,单位是 $\mathrm{mm \cdot h^{-1}}$,以积雪融化后相应水的厚度表示。联立式(2.4)、式(2.5)、式(2.6)简化得:

$$Z_e = AM^a \qquad (2.7)$$

式中,M 单位是 $\mathrm{g \cdot m^{-3}}$,Z_e 单位是 $\mathrm{mm^6 \cdot m^{-3}}$,系数 A、a 随滴谱的谱型变化而变化。

张培昌等(2001)提出,当谱滴为雪花时 $A = 3.8 \times 10^4$,$a = 2.2$,则式(2.7)可变为:

$$M = 0.0083 \cdot 10^{0.0455 \cdot Z} \qquad (2.8)$$

式中,M 单位是 $\mathrm{g \cdot m^{-3}}$,Z 的单位是 dBZ。

2.3.3　冬季降雪云宏微观特征

图 2.21a 可知,降雪云在 7 km 以上占总云的比例较小,7.5 km 以上的云反射率因子基本在 0 dBZ 以下。降雪云主要分布在 $0.15 \sim 2.00$ km,Z 集中在 $10 \sim 22$ dBZ。降雪云 V 在 $-4.1 \sim 3\ \mathrm{m \cdot s^{-1}}$,主要分布在 $0.15 \sim 6.00$ km,集中在 $-1.3 \sim -0.6\ \mathrm{m \cdot s^{-1}}$(图 2.21b)。降雪云 M 最大为 $0.28\ \mathrm{g \cdot m^{-3}}$,主要分布在 $2.1 \sim 8.7$ km,集中在 $0.01\ \mathrm{g \cdot m^{-3}}$ 以下(图 2.21c)。

图 2.22 为观测期间冬季降雪云顶高和分布图。云顶高度中位数为 6.99 km。降雪云顶高度日变化不明显,不同时期降雪云顶高度中位数为 $5.8 \sim 7.5$ km。最高中值出现在 16:00—17:00 和 21:00—22:00,最低中值出现在 09:00—10:00(图 2.22a)。云顶高为单峰型分布。云顶主要分布在 $5 \sim 9$ km,该范围内任何高度出现云顶的概率均大于 10%。云顶高在 $6 \sim 7$ km 出现的频率最大为 23.2%,在 $1 \sim 2$ km 出现的频率最小为 0.1%(图 2.22b)。

图 2.23、图 2.24、图 2.25 分别是小雪、中雪、大雪降雪云反射率因子(Z)、径向速度(V)、雪粒子含水量(M)归一化等频率高度图。小雪降雪云在 7 km 以上占总云的比例较小,7 km

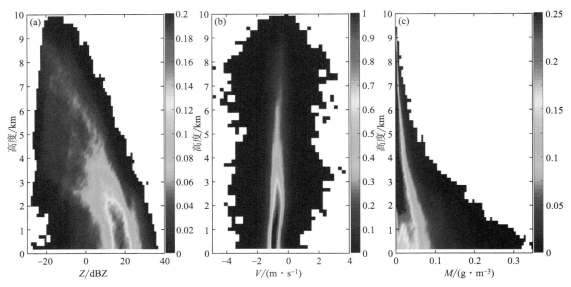

图 2.21　降雪云云雷达参数归一化等频率高度图(填色为频率,单位:%)

(a)Z;(b)V;(c)M

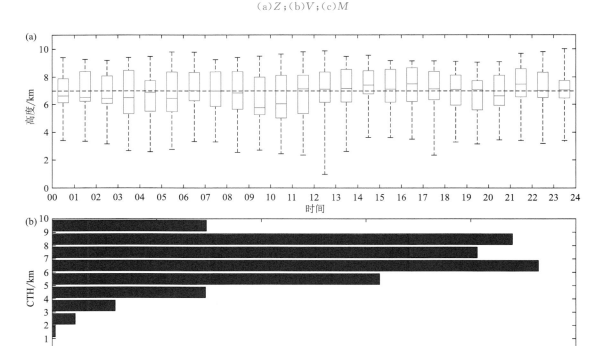

图 2.22　降雪云顶高的日变化(a)、云顶高分布图(b)

以上 Z 基本在 0 dBZ 以下;小雪强降雪云主要集中在 0.15～3.50 km,Z 集中在 5～23 dBZ,最大为 31 dBZ(图 2.23a)。中雪降雪云在 7 km 以上占总云的比例较小,7 km 以上 Z 基本在 0 dBZ 以下;中雪强降雪云主要集中在 0.15～2.50 km,Z 集中在 5～24 dBZ,最大可达 32 dBZ

（图 2.23b）。大雪降雪云在 8 km 以上占总云的比例较小，8 km 以上 Z 基本在 0 dBZ 以下；大雪强降雪云主要集中在 $0.15 \sim 3.50$ km，Z 集中在 $5 \sim 30$ dBZ，最大可达 36 dBZ（图 2.23c）。由图 2.23 得，小雪、中雪、大雪 Z 归一化等频率高度图大致相似，2 km 以下大雪过程 Z 比小雪和中雪降雪云明显偏大可达 $17 \sim 30$ dBZ，这是因为大雪平均小时降雪量比小雪和中雪的平均小时降雪量明显偏大。

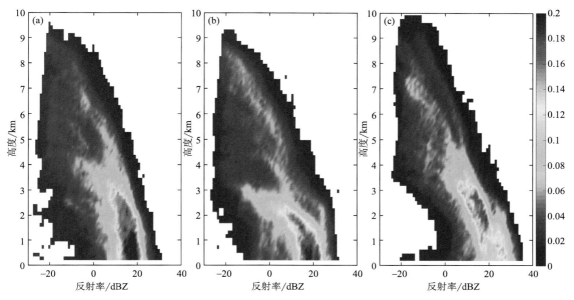

图 2.23 降雪云 Z 归一化等频率高度图（填色为频率，单位：%）
（a）小雪；（b）中雪；（c）大雪

径向速度 V 为正时表示速度向上，为负时表示速度向下。由图 2.24 可知，小雪、中雪和大雪过程 10 km 以下均存在下沉运动，主要下沉运动发生在 6 km 以下，V 集中于 $-1.4 \sim -0.3$ m·s^{-1}，中雪云 V 变化范围最小；各个降雪量级降雪云 V 集中区域差别不大，说明降雪云在不同降雪量级中 V 差异较小。

小雪 M 主要分布在 $0.15 \sim 8.50$ km，大多小于 0.06 g·m^{-3}，最大达 0.2 g·m^{-3}（图 2.25a）。中雪 M 主要分布在 $0.15 \sim 8.50$ km，大多小于 0.06 g·m^{-3}，最大为 0.23 g·m^{-3}（图 2.25b）。大雪 M 主要分布在 $1.0 \sim 9.0$ km，大部分小于 0.06 g·m^{-3}，最大为 0.35 g·m^{-3}（图 2.25c）。对比小、中、大雪 M 等频率高度图可知，2 km 以下大雪 M 大于 0.1 g·m^{-3} 比例明显大于小雪和中雪，M 范围在小、中、大雪中依次变大，说明在小雪降雪过程中含水量最少，为小雪降雪过程提供较少的水汽，小雪降雪过程平均持续时间最短；而大雪降雪过程中含水量最为充足，可以为大雪降雪过程提供足够的水汽，大雪降雪过程平均持续时间最长。

2.3.4 大雪过程降雪云演变特征

小雪过程中云顶高度大多在 6 km 左右（图略），最高可达到 9 km 左右，大多数情况下 Z 大于 10 dBZ 的云可伸展到 1.5 km 左右。中雪过程中云顶高度大多在 7 km 以上（图略），最高可达 10 km 左右，大多数情况下 Z 大于 10 dBZ 的云可伸展到 2.5 km 左右。图 2.26 是 4

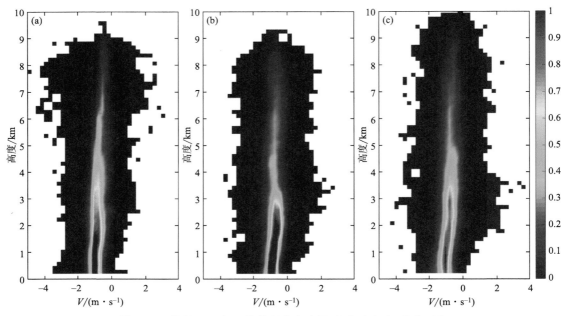

图 2.24　降雪云 V 归一化等频率高度图(填色为频率,单位:%)
(a)小雪;(b)中雪;(c)大雪

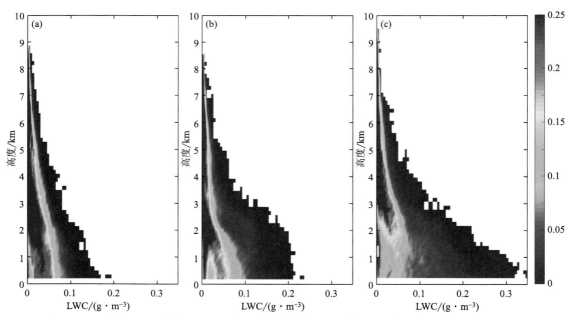

图 2.25　降雪云 LWC 归一化等频率高度图(填色为频率,单位:%)
(a)小雪;(b)中雪;(c)大雪

次大雪过程前、中、后 Z 高度-时间演变图,由图可知,大雪过程中云顶高度大多在 7 km 左右,最高可达到 10 km 左右,大多数情况下 Z 大于 10 dBZ 的云可伸展到 4 km,Z 最大可达 30 dBZ 以上。

2019 年 2 月 1 日 00:00—2 日 03:00 是持续最长的一次大雪过程,持续时间为 27 h。降雪前云在 2~4 km,1 月 31 日 23:00 云底高度逐渐下降。此降雪过程有明显的阶段性,3 个阶段反射率因子(Z)较大;1 日 00:00—03:30 云顶高度在 7.5 km 左右,3 km 以下 Z 集中在 20~30 dBZ,云顶高度随着降雪的进行逐渐降低;06:00—14:00 和 21:00—24:00 两个时段 2 km 以下 Z 集中在 20~27.5 dBZ(图 2.26a)。

2019 年 2 月 6 日 10:00—20:00 是持续最短的一次大雪过程,持续时间为 10 h。03:00 在 1.6~3.7 km 上空出现云层,09:00 云底高逐渐下降。此次降雪过程阶段性变化不明显,Z 变化较为连续;10:00—12:20 时段云顶高度在 7.5 km 左右,Z 大于 20 dBZ 的云伸展到 2 km;12:20—16:00 在 1 km 以下 Z 集中在 20~30 dBZ(图 2.26b)。

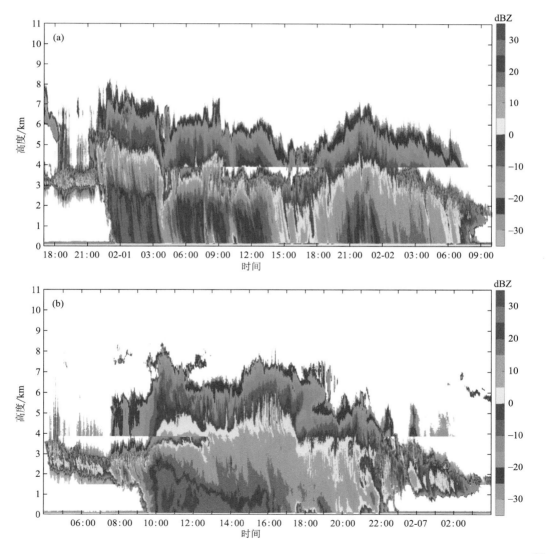

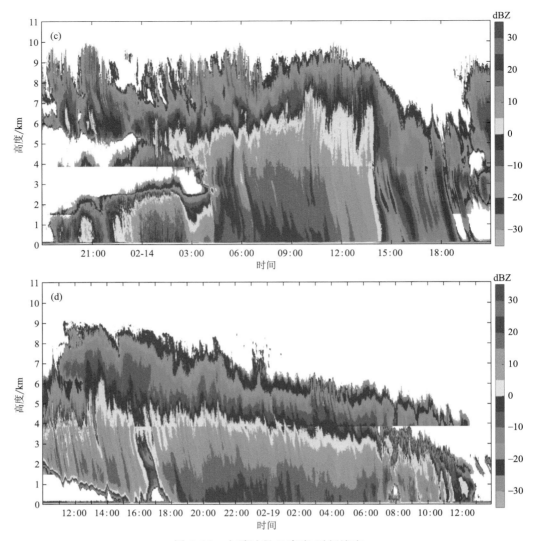

图 2.26　大雪过程 Z 高度-时间演变

(a)2019 年 1 月 31 日 17:00—2 月 2 日 10:00;(b)2019 年 2 月 6 日 04:00—7 日 04:00;
(c)2020 年 2 月 13 日 18:00—14 日 21:00;(d)2020 年 2 月 18 日 10:00—19 日 14:00

　　第三次大雪时间为 2020 年 2 月 14 日 01:00—15:00,持续时间为 14 h。降雪前地面 Z 较大,可能是存在雾。此次降雪过程也有明显的阶段性,2 个阶段 Z 较大,降雪过程中云顶高度一直在 9 km 左右;04:30—06:20 时段 3.5 km 以下 Z 集中在 20~30 dBZ,06:40—11:10 时段 1 km 集中在 20~25 dBZ,此后随着降雪的进行低层的 Z 逐渐减小(图 2.26c)。

　　第四次大雪时间为 2020 年 2 月 18 日 19:00—19 日 13:00,持续时间为 17 h。降雪前云逐渐降落到地面。此次降雪过程阶段性变化不明显,随着降雪的持续,云顶高度从最开始的 8 km 左右逐渐降低到 5 km 左右;20:00—24:00 时段 Z 大于 20 dBZ 的云伸展到 1 km 左右,其他时段 Z 大于 20 dBZ 的云降低到 1 km 以下,降雪结束后云立即消散(图 2.26d)。

　　图 2.27 是 4 次大雪过程径向速度(V)高度-时间演变图,可见 4 次降雪过程降雪前和降雪

后 V 大多数向下。2019 年 2 月 1 日 00:00—03:30、04:00—15:00、21:00—24:00 在 1.5 km 以下 V 分别集中在 $-1.50 \sim -0.75$ m·s^{-1}、$-1.25 \sim -0.25$ m·s^{-1}、$-1.5 \sim -1.0$ m·s^{-1} (图 2.27a)。第二次降雪过程 V 较为稳定,10:00—17:20、18:00—20:00 在 1 km 以下 V 分别集中在 $-1.75 \sim -1.00$ m·s^{-1}、$-1.5 \sim 0$ m·s^{-1}(图 2.27b)。第三次降雪过程降雪云 V 整体偏大且稳定,01:00—06:00、06:00—14:00 在 2 km 以下 V 分别集中在 $-1.75 \sim -0.50$ m·s^{-1}、$-1.50 \sim -0.75$ m·s^{-1}(图 2.27c)。第四次降雪过程 1 km 以下降雪云 V 比前三次降雪过程整体偏小,1 km 以下 V 集中在 $-1.50 \sim -0.25$ m·s^{-1}(图 2.27d)。

图 2.28 是 4 次大雪过程雪粒子含水量(M)高度-时间演变图,M 时间和空间变化与地面降水量成正相关,前两次大雪过程降雪前和降雪结束 M 均小于 0.02 g·m^{-3},3 km 以上及非降雪时段 M 也大多小于 0.02 g·m^{-3}。2019 年 2 月 1 日降雪旺盛期 00:00—03:30 在 3 km 以下 M 集中在 $0.1 \sim 0.18$ g·m^{-3},06:00—14:00 和 21:00—24:00 在 2 km 以下 M 大多在 $0.04 \sim 0.14$ g·m^{-3}(图 2.28a)。6 日降雪旺盛期 10:00—12:20 在 2 km 以下 M 集中在 $0.1 \sim$

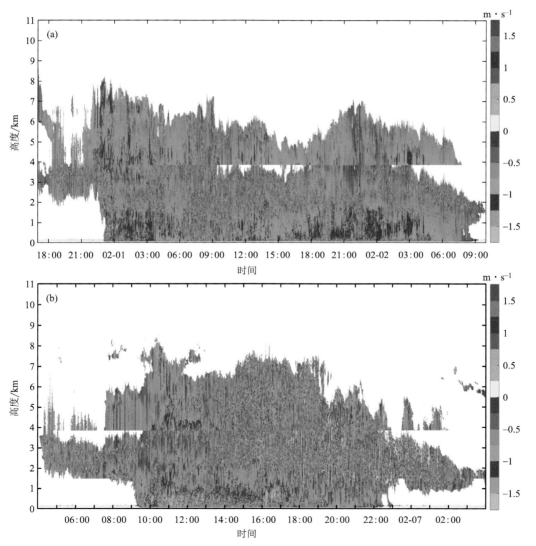

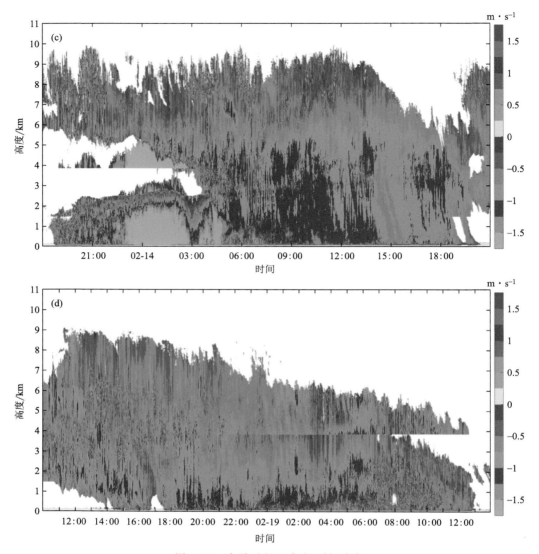

图 2.27　大雪过程 V 高度-时间演变

(a)2019 年 1 月 31 日 17:00—2 月 2 日 10:00;(b)2019 年 2 月 6 日 04:00—7 日 04:00
(c)2020 年 2 月 13 日 18:00—14 日 21:00;(d)2020 年 2 月 18 日 10:00—19 日 14:00

0.26 g・m^{-3},12:20—16:00 时间段 1 km 以下 M 为 0.10～0.18 g・m^{-3},15:00—16:00 时间段 1.2 km 以下 M 为 0.06～0.18 g・m^{-3}(图 2.28b)。由图 2.28c 得,降雪前 1 h 1.5 km 以下粒子含水量大多在 0.02～0.1 g・m^{-3},降雪旺盛期 04:30—06:20 在 3.5 km 以下 M 大多在 0.06～0.16 g・m^{-3},06:40—11:10 时间段 1 km 雪粒子含水量集中在 0.04～0.14 g・m^{-3}。第四次为暴雪过程,降雪前 1～4 km 处 M 集中在 0.02～0.06 g・m^{-3},表明暴雪过程水汽含量更充沛,20:00—00:00 时段 M 大于 0.06 g・m^{-3} 的云在 1 km 以下,其他时间雪粒子含水量大于 0.06 g・m^{-3} 的云降低到 1 km 以下(图 2.28d),降雪结束后云迅速消散,水汽随之迅速减小。大雪过程旺盛期雪粒子含水量分布在 0.04～0.18 g・m^{-3} 与中国北京地区相当,说明干旱区大雪过程水汽比较充沛。

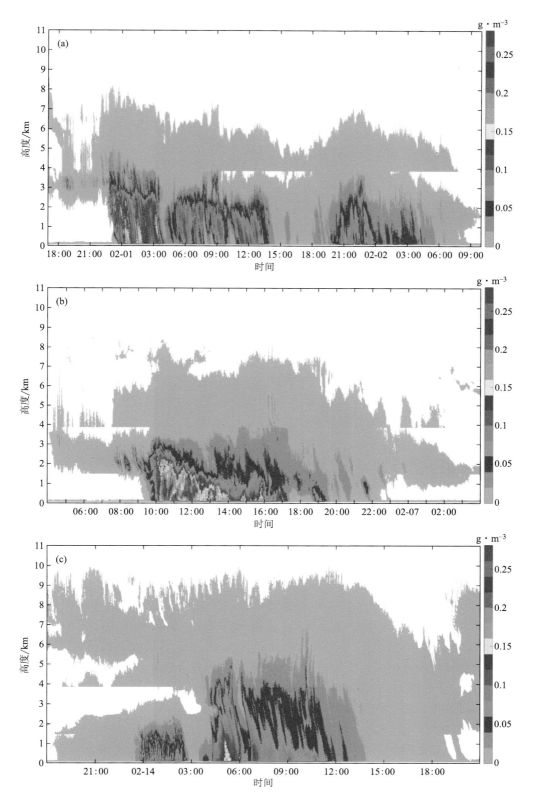

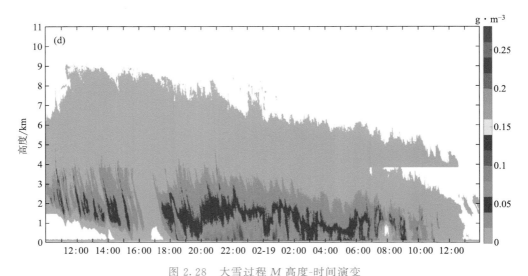

图 2.28　大雪过程 M 高度-时间演变

(a)2019 年 1 月 31 日 17:00—2 月 2 日 10:00;(b)2019 年 2 月 6 日 04:00—7 日 04:00;
(c)2020 年 2 月 13 日 18:00—14 日 21:00;(d)2020 年 2 月 18 日 10:00—19 日 14:00

2.3.5　冬季非降雪云宏观特征

图 2.29 是观测期间冬季非降雪云 Z、V 和 M 的归一化等频率高度图。在非降雪条件下底空中会出现一定高度范围的杂波,因此只提取 0.48 km 以上的云雷达参数进行研究。大多数非降雪云不接地,云顶高度最高可到 10 km 以上,最大 Z 超过 20 dBZ,但大多数 Z 小于 20 dBZ。非降雪云主要分布在 2~8 km 高度,Z 集中在 -22~15 dBZ;最大频率中心出现在 2.5~6.5 km,Z 集中在 -14~14 dBZ(图 2.29a)。非降雪云 V 主要分布在 2.0~7.5 km 高度,V 集中在 -1.1~-0.4 m·s^{-1}(图 2.29b)。非降雪云 M 最大为 0.02 g·m^{-3},主要分布在 1.2~8.7 km 高度,集中在 0.018 g·m^{-3} 以下(图 2.29c)。

图 2.30 是观测期间冬季非降雪云底、云顶高度日变化,其中最高和最低的两点分别表示最大值和最小值,盒子的上下横线分别为 75% 和 25% 百分位值,盒子中间的横线表示 50% 百分位值,黑色虚线表示所有非降水云底、云顶高度的 50% 百分位值。非降雪云底、云顶高度中位值分别为 3.33 km、6.75 km。由图 2.30a 可知,非降雪云底呈现出明显的白天低夜间高的趋势。其中 18:00—19:00 是云底高度中位值最高的时次,此时云底高度的中位值是 4.17 km;09:00—18:00 时间段云底高度中位数值小于所有云底高度中位数值,12:00—13:00 是云底高度中位值最低的时次,此时次云底高度的中位值是 2.21 km,随后又逐渐升高。由图 2.30b 得,非降雪云顶高度没有明显的变化,不同时刻云顶高度中位值都在 6.7 km 附近,但其云顶高度也呈现出一定的白天低夜间高的趋势。其中 00:00—01:00 是云顶高度中位值最高的时次,此时次云顶高度的中位值是 7 km;20:00—21:00 是云顶高度中位值最低的时次,此时次云顶高度的中位值是 6.15 km。

图 2.31 是冬季非降水云底、云顶高度分布图。由图 2.31 可知,云底和云顶高度都为单峰型分布。由图 2.31a 可知,云底高度主要分布在 1~7 km,在这些高度中云底高度出现的概率都大于 10%。云底高度在 1~2 km 出现的频率最大,为 20.2%,在 10~11 km 出现的频率最

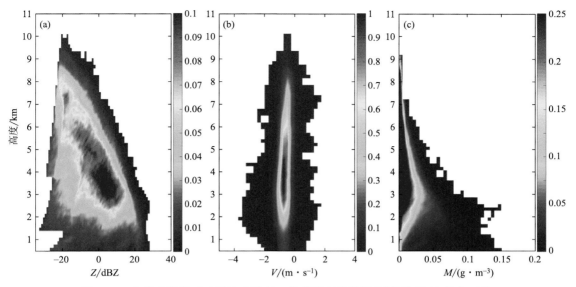

图 2-29　冬季非降雪云云雷达参数归一化等频率高度图（填色为频率，单位：%）

(a)Z；(b)V；(c)M

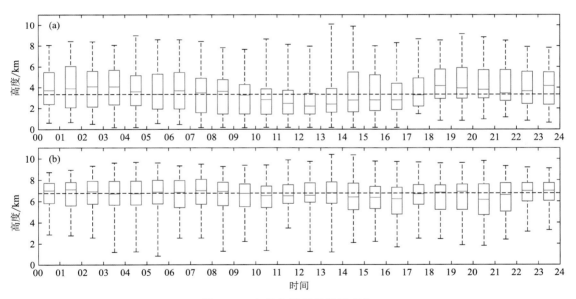

图 2.30　冬季非降雪云高日变化

（a）云底；（b）云顶

小，为 0.1%。由图 2.31b 可知，云顶高度主要分布在 4～9 km，在这些高度中云顶高度出现的概率都大于 10%。云顶高度在 7～8 km 出现的频率最大，为 26.5%，在 1～2 km 出现的频率最小，为 0.1%。

2.3.6　小结

按照降雪等级标准将中国西天山冬季降雪分为小雪、中雪、大雪，分析了这三类降雪的反

中国天山云和降水物理观测特征

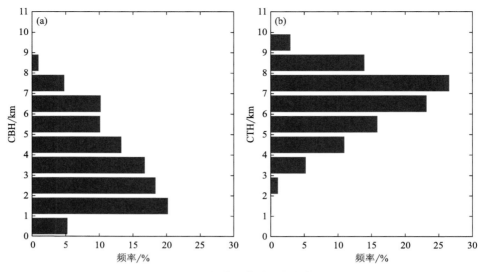

图 2.31　冬季非降雪云高分布图
(a)云底；(b)云顶

射率因子 Z、径向速度 V、雪粒子含水量 M 微物理特征的异同。同时也对冬季降雪云与非降雪的宏微观物理特征进行了分析,主要结论如下。

(1)小雪降雪云主要集中在 $0.15\sim3.50$ km,Z 集中在 $5\sim23$ dBZ,最大为 31 dBZ。中雪降雪云主要集中在 $0.15\sim2.50$ km,Z 集中在 $5\sim24$ dBZ,最大可达 32 dBZ。大雪降雪云主要集中在 $0.15\sim3.50$ km,Z 集中在 $5\sim30$ dBZ,最大可达 36 dBZ。小雪、中雪、大雪 Z 归一化等高频率图大致相似,但大雪过程 2 km 以下 Z 比小雪和中雪降雪云明显偏大,这是因为大雪平均小时降雪量比小雪和中雪的平均小时降雪量明显偏大。

(2)小雪 M 主要分布在 $0.15\sim8.50$ km,大多小于 0.06 g·m^{-3}。中雪 M 主要分布在 $0.15\sim8.50$ km,大部分小于 0.06 g·m^{-3}。大雪 M 主要分布在 $1.0\sim9.0$ km,集中在 0.06 g·m^{-3} 以下。2 km 以下 M 大于 0.1 g·m^{-3} 比例明显大于小雪和中雪。小雪降雪过程中含水量最少,为小雪降雪过程提供较少的水汽,因此小雪降雪过程平均持续时间最短;而大雪降雪过程中含水量最为充足,可以为大雪降雪过程提供足够的水汽,因此大雪降雪过程平均持续时间最长。小雪、中雪和大雪主要下沉运动发生在 6 km 以下,V 集中于在 $-1.4\sim-0.3$ m·s^{-1}。

(3)降雪云主要分布在 $0.15\sim2.50$ km,Z 集中在 $10\sim23$ dBZ。V 主要分布在 $0.15\sim3.50$ km,集中在 $-1.2\sim-0.4$ m·s^{-1}。M 主要分布在 $1.9\sim8.9$ km,集中在 0.03 g·m^{-3} 以下。

(4)非降雪云主要分布在 $2\sim8$ km,Z 集中在 $-22\sim15$ dBZ,最大频率中心出现在 $2.5\sim6.5$ km,集中在 $-14\sim14$ dBZ;V 主要分布在 $2.0\sim7.5$ km,集中在 $-1.1\sim-0.4$ m·s^{-1};M 主要分布在 $1.2\sim8.7$ km,集中在 0.018 g·m^{-3} 以下。

(5)非降雪云底、云顶高度中位值分别为 3.33 km、6.75 km;非降雪云底呈现明显的白天低夜间高的趋势,云顶高度没有明显的日变化。非降雪云底、云顶高度都为单峰型分布;云底高度在 $1\sim7$ km 中出现的概率都大于 10%,$1\sim2$ km 出现的频率最大为 20.2%;云顶高度在 $4\sim9$ km 中出现的概率都大于 10%,$7\sim8$ km 出现的频率最大为 26.5%。

第 3 章　中国天山降水雨滴谱观测特征

3.1　不同季节降水雨滴谱观测特征

3.1.1　数据和方法

通过安装在天山地区新源站的雨滴谱仪收集了这一复杂地形处 2020—2021 年的雨滴谱（DSD）数据。考虑到冬季气温低，降雨量十分稀少，本研究重点关注春季（3—5 月）、夏季（6—8 月）和秋季（9—11 月）。表 3.1 显示了总体、春季、夏季和秋季的样本数量和平均降雨量。从表 3.1 可以看出，新源的降雨主要发生在春季和夏季，分别占总降雨量样本的 41% 和 39%。秋季降雨量在三个季节中最少，仅占总降雨量样本的 20% 左右。夏季（秋季）的平均降雨强度最大（最小），为 0.978（0.674）mm·h^{-1}。图 3.1 为研究区的位置和地形。

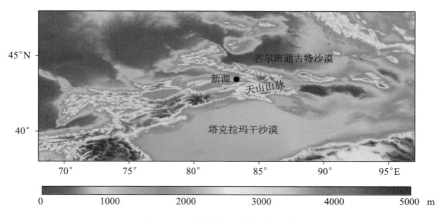

图 3.1　研究区的位置和地形

表 3.1　雨滴谱样本和平均降雨率的季节变化

季节	样本数/百分比	平均降雨率/(mm·h^{-1})
总体	22679/100%	0.870
春季	9324/41.11%	0.862
夏季	8906/39.27%	0.978
秋季	4449/19.62%	0.674

第二代 OTT Particle Size Velocity（Parsivel）disdrometer 用于测量不同尺寸和下落速度雨滴的数量，Parsivel 已被应用于许多研究。在应用 DSD 数据之前，需要对数据进行质量控

制。首先,最小的两个尺寸档因其低信噪比低而被排除在外。其次,降雨强度小于 0.1 mm・h^{-1} 或雨滴数小于 10 的每分钟样本被移除。最后,雨滴部分存在于探测范围之外,其下落速度异常大,而强风和飞溅效应表现为雨滴的下落速度非常低,因此,也排除了提出的经典下落速度-直径关系的±60%以外的 DSD 数据。此外,根据观测位置的海拔高度计算出空气密度修正系数 1.036,用来修正经典的下落速度-直径关系。随后,获得了总体和各季节(图 3.2)的速度-直径域中的雨滴数量分布。

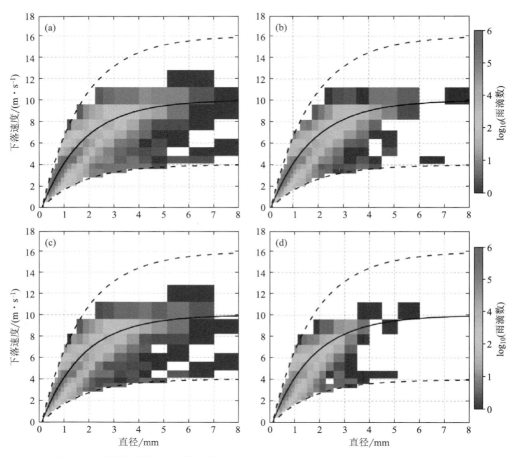

图 3.2　质量控制处理后的总体(a)、春季(b)、夏季(c)和秋季(d)的雨滴数分布。
实线是 Atlas 等(1973)提出的修正的经典下落速度-直径关系,虚线是该关系的±60%

基于 DSD 数据,雨滴浓度$[N(D_i),\mathrm{m}^{-3}\cdot\mathrm{mm}^{-1}]$基于式(3.1)被导出:

$$N(D_i) = \sum_{j=1}^{32} \frac{n_{ij}}{A_{\mathrm{eff}}(D_i)\cdot\Delta t\cdot V_j\cdot\Delta D_i} \tag{3.1}$$

式中,n_{ij} 是尺寸档 i 和下落速度档 j 含有的雨滴数,Δt(s)和 ΔD_i(mm)分别是样本时间间隔(60 s)和直径差,V_j(m・s^{-1})是速度档 j 的末速度。$A_{\mathrm{eff}}(D_i)$(m^2)是按照式(3.2)计算的有效采样面积:

$$A_{\mathrm{eff}}(D_i) = 10^{-6}\cdot 180\cdot\left(30 - \frac{D_i}{2}\right) \tag{3.2}$$

几个重要的 DSD 参数,包括降雨量 $R(\text{mm} \cdot \text{h}^{-1})$、总雨滴数浓度 $N_t(\text{m}^{-3})$、液态水含量 LWC$(\text{g} \cdot \text{m}^{-3})$、雷达反射率因子 $Z(\text{mm}^6 \cdot \text{m}^{-3})$ 和中值体积直径 $D_0(\text{mm})$ 分别通过式 (3.3)—式(3.7)被计算:

$$R = \frac{6\pi}{10^4} \cdot \sum_{i=1}^{32} N(D_i) \cdot D_i^{\,3} \cdot V(D_i) \cdot \Delta D_i \tag{3.3}$$

$$N_t = \sum_{i=1}^{32} N(D_i) \cdot \Delta D_i \tag{3.4}$$

$$Z = \sum_{i=1}^{32} N(D_i) \cdot D_i^{\,6} \cdot \Delta D_i \tag{3.5}$$

$$\text{LWC} = \frac{\pi}{6000} \cdot \sum_{i=1}^{32} N(D_i) \cdot D_i^{\,3} \cdot \Delta D_i \tag{3.6}$$

$$\sum_{i=1}^{D_0} N(D_0) \cdot D_i^{\,3} \cdot \Delta D_i = \sum_{D_0}^{32} N(D_0) \cdot D_i^{\,3} \cdot \Delta D_i \tag{3.7}$$

描述 DSD 的三参数(截距参数 $N_0(\text{mm}^{-1-\mu} \cdot \text{m}^{-3})$、形状因子 $\mu(\text{-})$ 和斜率参数 $\Lambda(\text{mm}^{-1})$ 的 Gamma 分布模型通过式(3.8)定义:

$$N(D) = N_0 \cdot D^{\mu} \cdot \exp(-\Lambda \cdot D) \tag{3.8}$$

Gamma 分布模型的求解通常采用截距法。在此研究中,三、四和六阶距被用来求解 Gamma 分布模型三参数。n 阶距和三参数分别被式(3.9)—式(3.12)所计算:

$$M_n = \int_0^{\infty} D^n \cdot N(D) \cdot \mathrm{d}D \tag{3.9}$$

$$N_0 = \frac{M_3 \cdot \Lambda^{\mu+4}}{\Gamma(\mu+4)} \tag{3.10}$$

$$\mu = \frac{11 \cdot G - 8 + \sqrt{G \cdot (G+8)}}{2(1-G)} \tag{3.11}$$

$$\Lambda = (\mu+4) \cdot \frac{M_3}{M_4} \tag{3.12}$$

式中,Γ 为 Gamma 分布函数,M_3、M_4 分别为 Gamma 分布函数的三、四元阶距,G 如式(3.13)所计算:

$$G = \frac{M_4^3}{M_3^2 M_6} \tag{3.13}$$

然而,Gamma 分布模型存在三参数非独立问题,该问题可以通过标准化 Gamma 分布模型(the normalized gamma distribution model)解决,其由式(3.14)计算:

$$N(D) = N_{\text{w}} \cdot f(\mu) \cdot \left(\frac{D}{D_m}\right)^{\mu} \cdot \exp\left[-(4+\mu)\frac{D}{D_m}\right] \tag{3.14}$$

式中

$$f(\mu) = \frac{6 \cdot (4+\mu)^{4+\mu}}{4^4 \cdot \Gamma(4+\mu)} \tag{3.15}$$

$D_m(\text{mm})$ 是质量加权平均直径,$N_{\text{w}}(\text{mm}^{-1} \cdot \text{m}^{-3})$ 是广义截距参数,它们分别被式(3.16)—式(3.17)所计算:

$$D_m = \frac{\sum\limits_{i=1}^{32} N(D_i) \cdot D_i^4 \cdot \Delta D_i}{\sum\limits_{i=1}^{32} N(D_i) \cdot D_i^3 \cdot \Delta D_i} \tag{3.16}$$

$$N_w = \frac{4^4}{\pi \cdot \rho_w} \cdot \frac{10^3 \cdot W}{D_m^4} \tag{3.17}$$

式中，W 为液态水含量。

进一步地，降雨动能 KE，包括动能通量 KE_{time}（$J \cdot mm^{-2} \cdot h^{-1}$）和动能含量 KE_{mm}（$J \cdot mm^{-2} \cdot mm^{-1}$）由式（3.18）—式（3.19）计算：

$$KE_{time} = \left(\frac{\pi}{12}\right) \cdot \left(\frac{1}{10^6}\right) \cdot \left(\frac{3600}{\Delta t}\right) \cdot \left(\frac{1}{A_{eff}}\right) \sum_{i=1}^{32} n_i \cdot D_i^3 \cdot [V(D_i)]^2 \tag{3.18}$$

$$KE_{mm} = \frac{KE_{time}}{R} \tag{3.19}$$

3.1.2　DSD 的季节变化

图 3.3a 显示了春季、夏季、秋季和总体的 DSD（实线）和相应的标准化伽马分布（虚线）。为了更清楚地显示 DSD 的季节性变化，根据之前的研究，小尺寸（直径≤1 mm）、中尺寸（1 mm＜直径＜3 mm）和大尺寸（直径≥3 mm）雨滴 DSD 分别在图 3.3b、图 3.3c 和图 3.3d 中给出。除直径最小的雨滴外，标准化伽马分布与观测值吻合良好。观察到 DSD 有明显季节变化特征（图 3.3），夏季的小雨滴最少，中、大雨滴最多，而秋季的小雨滴最多，中、大雨滴最少；春天接近夏天（图 3.3a）。然而，值得注意的是，春季降水的小（中和大）雨滴浓度略高于（低于）夏季降水。

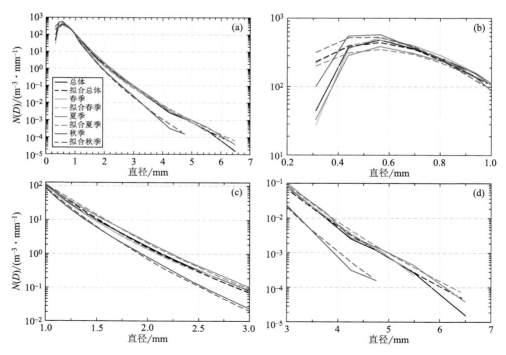

图 3.3　所有雨滴（a）、小雨滴（b）（直径≤1 mm）、中雨滴（1＜直径＜3 mm）（c）、大雨滴（直径≥3 mm）（d）的 DSD

图 3.4 显示了不同尺寸雨滴对几个重要 DSD 参数的贡献的季节变化。对于总体,小雨滴、中雨滴和大雨滴对 R 的贡献率分别为 43.392%、53.65% 和 2.958%(图 3.4a),其中,小雨滴对 R 的贡献在夏季最小(35.156%),而中和大雨滴的贡献率在夏季最大(分别为 61.084% 和 3.759%)。秋季的小雨滴对 R 的贡献率大于 57%,是三个季节中最大的,而大雨滴的贡献率小于 0.8%,是三个季节中最小的。对于总体,小、中和大雨滴对 N_t 的贡献分别为 91.502%、8.485% 和 0.013%(图 3.4b)。在这三个季节中,小雨滴在夏季(秋季)对 N_t 的贡献最小(最多),而中雨滴和大雨滴在夏天(秋季)对 N_t 的贡献最大(最小)。图 3.4c 显示了小、中和大雨滴对 Z 的贡献的季节变化。夏季的小和中雨滴对 Z 的贡献最小(5.607% 和 50.247%),而大雨滴对 Z 的贡献最大(44.146%)。对于总体,小雨滴、中雨滴和大雨滴对 LWC 的贡献分别为 57.658%、40.951% 和 1.391%(图 3.4d)。夏季小雨滴对 LWC 的贡献最小(48.955%),而中和大雨滴对 LWC 的贡献最大(分别为 49.168% 和 1.877%)。秋季小雨滴对 LWC 的贡献在三个季节中最大,而秋季大雨滴对 LWC 的贡献仅为 0.327%,为三个季节的最小值。

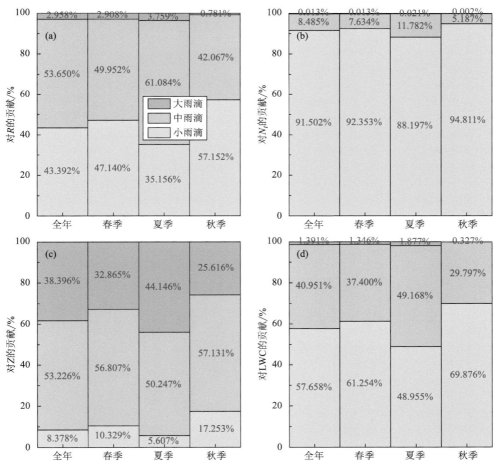

图 3.4　小雨滴、中雨滴和大雨滴对 R(a)、N_t(b)、Z(c)和 LWC(d)贡献的季节变化

　　图 3.5 显示了根据 1 min 降雨量样本计算的 D_m、D_0、$\log_{10} N_w$ 和 Z 在不同季节的分布,而表 3.2 显示了这些参数的平均值和标准偏差(SD)。对于总体、春季和秋季,D_m 峰值为 0.8 mm,

而夏季的 D_m 主要分布在 1 mm(图 3.5a)。在夏季(秋季),平均 D_m 最大,为 1.059 mm(最小,为 0.876 mm),而 D_m 的 SD 在夏季(秋季)最大(最小)。尽管对于总体和三个季节,D_0 的分布特征与 D_m 相似(图 3.5b),但 D_0 的平均值和 SD 略小于 D_m。总体、春季、夏季和秋季分布最广的 $\log_{10} N_w$ 分别为 3.8、3.8、3.6 和 4.1(图 3.5c)。在夏季(秋季),平均 $\log_{10} N_w$ 达到最大值 3.738(最小值 3.505),而 $\log_{10} N_w$ 的 SD 在秋季(春季)最大(最小)。总体、春季、夏季和秋季的最广分布 Z 分别为 19 dBZ、18 dBZ、23 dBZ 和 16 dBZ(图 3.5d)。夏季平均 Z 最大(20.631 dBZ),秋季最小(17.305 dBZ)。

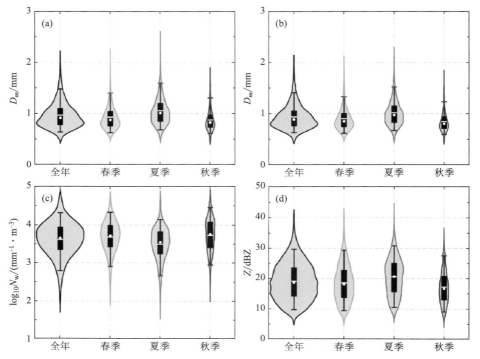

图 3.5　D_m(a)、D_0(b)、$\log_{10} N_w$(c)和 Z(d)分布的季节变化的小提琴图,显示了平均值(白线)、中值(白点)、四分位范围(黑色矩形)、第 5 和第 95 百分位(上下横线)及核密度估计(灰色阴影)

表 3.2　重要 DSD 参数的季节变化

参数	D_m/mm		D_0/mm		$\log_{10} N_w/(m^{-3} \cdot mm^{-1})$		Z/dBZ	
	平均	SD	平均	SD	平均	SD	平均	SD
总体	0.972	0.284	0.938	0.264	3.627	0.468	19.153	6.238
春季	0.934	0.265	0.903	0.245	3.690	0.440	18.623	6.187
夏季	1.059	0.306	1.020	0.285	3.505	0.467	20.631	6.281
秋季	0.876	0.225	0.846	0.207	3.738	0.472	17.305	5.547

3.1.3　不同降雨类型的 DSD

　　不同降雨类型的 DSD 差异很大,可采用多种方法对降雨类型进行分类。Tokay 等(1999)提出将 R 超过 10 mm·h^{-1} 的阈值定义为对流云降雨;否则,是层状云降雨。Bringi 等(2003)

应用 R 和相应的 SD 来区分对流云和层状云降雨。随后,他们根据 $\log_{10} N_w$ 和 D_0 开发了一种新的降雨类型分类方法,该方法已被广泛应用。Dolan 等(2018)指出,影响 DSD 特性的主要微物理过程可以通过 $\log_{10} N_w$-D_0 结构域在一定程度上进行区分。因此,本研究采用了 Bringi 等(2009)提出的降雨分类方法,该方法由式(3.20)定义:

$$\log_{10} N_w = -1.6 D_0 + 6.3 \tag{3.20}$$

式中,位于式(3.20)上方的 $\log_{10} N_w$-D_0 域的点被识别为对流云降雨,否则被识别为层状云降雨。

图 3.6 显示了 $\log_{10} N_w$-D_0 域上对流云降雨(黄色)和层状云降雨(橙色)的季节变化,而表 3.3 显示了不同降雨类型的几个 DSD 参数的平均值。对于总体数据,总体、对流云和层状云

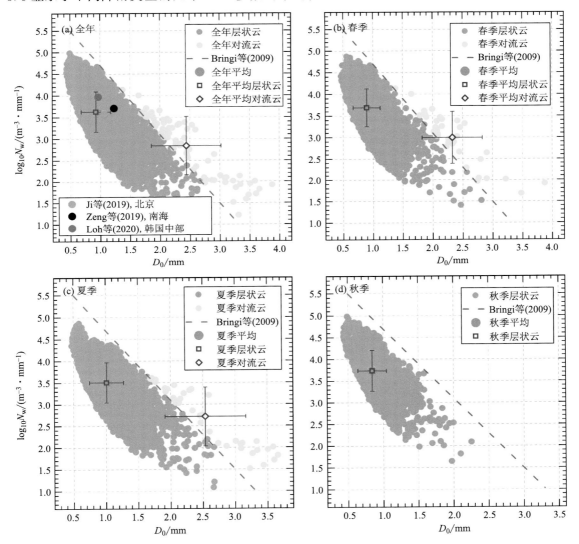

图 3.6　根据 Bringi 等(2009)的分类方法(红色虚线),对流云降雨(黄色)和层状云降雨(橙色)的 $\log_{10} N_w$-D_0 散点图:(a)全年、(b)春季、(c)夏季和(d)秋季。灰色圆点、蓝色方块和紫色菱形分别表示总体、层状云降雨和对流云降雨的伴随 1 倍标准偏差的平均值。北京(Ji et al.,2019)、南海(Zeng et al.,2019)和韩国中部(Loh et al.,2020)的先前结果分别由图 3.6a 中相应的彩色点表示

降水的 D_0($\log_{10}N_w$)平均值分别为 0.938 mm(3.627)、2.441 mm(2.842)和 0.932 mm(3.630)。对于春季,总体、对流云和层状云降水的 D_0($\log_{10}N_w$)平均值分别为 0.903 mm(3.690)、2.329 mm(2.997)和 0.897 mm(3.693)。夏季的总体、对流云和层状云降水的 D_0($\log_{10}N_w$)比春季大(小)。值得注意的是,由于对流云降雨样本数量有限,秋季仅考虑了层状云降雨。秋季的总体和层状云降雨的 D_0($\log_{10}N_w$)略小于(大于)春季。此外,图 3.6 所示,层状云降雨是每个季节的主要降雨类型。此外,图 3.6a 对新源和其他地区的结果进行了比较,其他地区包括北京、南海和韩国中部。结果表明,新源的 D_0 最小,$\log_{10}N_w$ 除北京外几乎最小。

表 3.3 对流云降雨(CR)和层状云降雨(SR)的 DSD 参数平均值的季节变化

参数		D_m/mm	D_0/mm	$\log_{10}N_w$/(m^{-3} · mm^{-1})	Z/dBZ
全年	CR	2.545	2.441	2.842	41.163
	SR	0.966	0.932	3.630	19.077
春季	CR	2.435	2.329	2.997	41.673
	SR	0.928	0.897	3.693	18.532
夏季	CR	2.642	2.541	2.717	40.857
	SR	1.052	1.013	3.508	20.540
秋季	SR	0.875	0.846	3.739	17.296

图 3.7 显示了 $\log_{10}N_w$-D_0 域中归一化出现频率的季节变化。全年、春季、夏季和秋季的 D_0($\log_{10}N_w$)的最高出现频率分别为 0.7～0.9 mm(3.6～4.1)、0.7～0.6 mm(3.7～4.1)、0.8～1.1 mm(3.4～4.0)和 0.7～0.8 mm(3.8～4.2)。从春季到夏季再到秋季,D_0 出现的最高频率先增大后减小,而 $\log_{10}N_w$ 则呈现相反的趋势。总体而言,可以看出,在干旱背景下,天山地区层状云降水的频率明显高于对流云降水的频率。

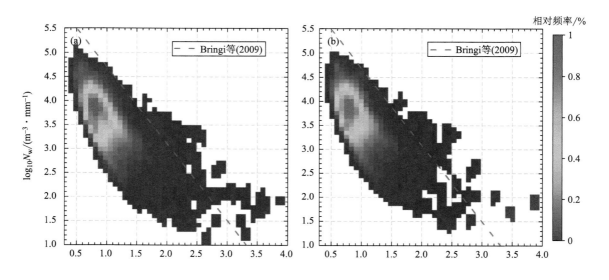

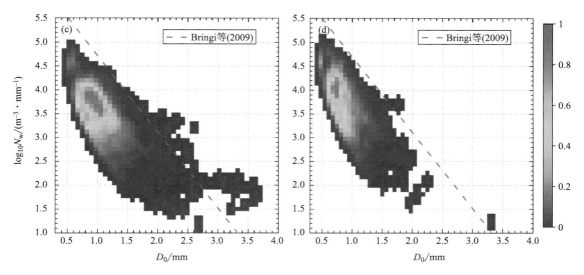

图 3.7 全年(a)、春季(b)、夏季(c)和秋季(d)的 $\log_{10}N_w\text{-}D_0$ 域中 DSD 样本的归一化出现频率

图 3.8a 显示了每个季节的层状云(实线)和对流云降雨(虚线)的 DSD。为了更清楚地显示不同类型降雨的 DSD 季节变化,图 3.8b—d 分别显示了小雨滴、中雨滴和大雨滴的 DSD。确定了不同降雨类型的 DSD 季节变化模式。总的来说,在所有季节,层状云降水比对流云降水有更多的小雨滴(0.8~1.0 mm 的雨滴除外)和更少的中和大雨滴。对于层状云降雨,夏季的小

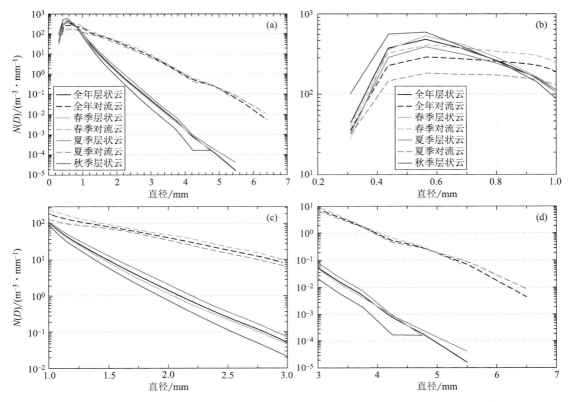

图 3.8 所有雨滴(a)、小雨滴(b)、中雨滴(c)和大雨滴(d)的层状云(实线)和对流云(虚线)降雨的 DSD

49

雨滴最少,中和大雨滴最多,而秋季的小雨滴最多,中和大雨滴最少。春季 DSD 与总体的 DSD 接近,介于夏季和秋季之间。关于对流云降雨,夏季的中和小雨滴比春季少,而这两个季节的大雨滴平均浓度相似。同时,三个季节中,夏季的对流云降雨和层状云降雨都含有直径最大的雨滴。

3.1.4 不同降雨率等级的 DSD

为了进一步探讨 DSD 的季节性变化,根据每个季节 DSD 样本充足和每个等级的 R 的平均值相似这两个原则(Zeng et al.,2022a),将 DSD 样本分为五个等级(C1,0.1 mm·h^{-1}≤R<0.5 mm·h^{-1};C2,0.5 mm·h^{-1}≤R<1 mm·h^{-1};C3,1 mm·h^{-1}≤R<2 mm·h^{-1};C4,2 mm·h^{-1}≤R<5 mm·h^{-1};C5,R≥5 mm·h^{-1})。结果表明,相对较强的降雨(C5)在夏季最多,秋季最少。图 3.9 显示了不同等级 R 下的 DSD 的季节变化。对于前四个等级中的小雨滴,秋季的浓度最大,而春季的浓度与总体相当(图 3.9a—d)。对于 C5,小雨滴的较大直径部分,春季的浓度超过秋季的浓度(图 3.9e)。夏季在所有五个等级中的小雨滴浓度最低。关于中和大雨滴的季节变化,最明显的特征是,随着 R 等级增加,春季雨滴浓度从 C1 的最小值(与秋季相当,图 3.9a)变为 C4(与夏季相当,图 3.9d),直到超过夏季值,在 C5 达到最大值(图 3.9e)。同一季节,随着 R 等级的增加,DSD 变化也呈现出不同的特征。具体而言,从 C1 到 C5,春季不同直径的雨滴浓度增加(图 3.9f),而夏季和秋季的一些小雨滴从 C4 到 C5 没有遵

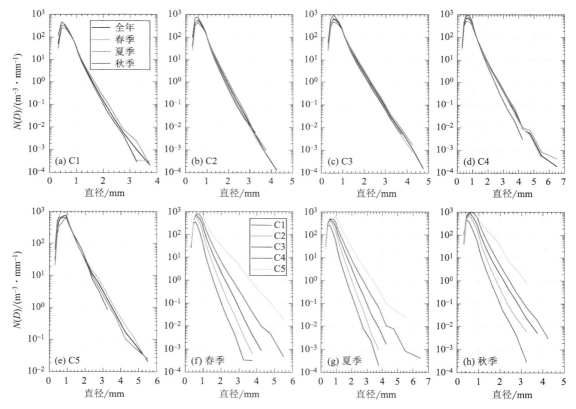

图 3.9 五个降雨率等级(C1,0.1 mm·h^{-1}≤R<0.5 mm·h^{-1};C2,0.5 mm·h^{-1}≤R<1 mm·h^{-1};
C3,1 mm·h^{-1}≤R<2 mm·h^{-1};C4,2 mm·h^{-1}≤R<5 mm·h^{-1};C5,R≥5 mm·h^{-1})(a—e)和
不同季节(f—h)的 DSD

循这一趋势(图 3.9g—h)。此外,最大雨滴直径在春季表现出从 C1 到 C5 的增加趋势,夏季和秋季从 C4 到 C5 中断了这一趋势。因此,上述特征显示了不同 R 等级下 DSD 季节变化的复杂性。

几个重要的 DSD 参数在不同降雨率等级下季节变化的箱线图如图 3.10 所示。对于所有季节,D_m、D_0 和 Z 随降雨率等级的增加而增加,除 C5 外,每个降雨率等级在夏季(秋季)达到最大值(最小值)。相比之下,当降雨率等级从 C1 增加到 C2 时,$\log_{10} N_w$ 在所有季节都显著增加。相反,当降雨率等级继续增加时,从 C4 到 C5 的秋季,这种增长变得不那么明显,甚至有所下降。对于每个降雨率等级,$\log_{10} N_w$ 在秋季(夏季)达到最大值(最小值)。

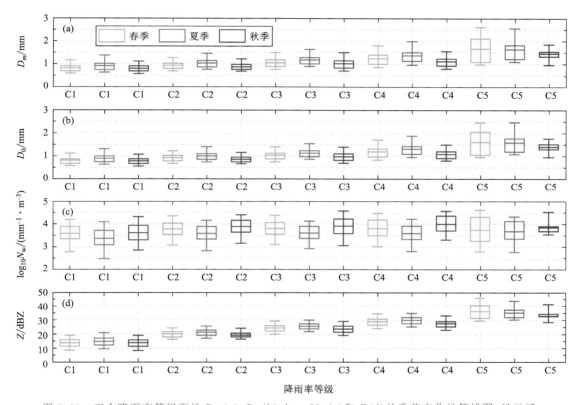

图 3.10　五个降雨率等级下的 D_m(a)、D_0(b)、$\log_{10} N_w$(c)和 Z(d)的季节变化的箱线图,显示了平均值(中心线)、四分位数范围(矩形)及第 5 和第 95 百分位数(上下横线)

3.1.5　导出关系

DSD 在雷达定量降水估算中起着至关重要的作用(一般形式为 $Z = a \cdot R^b$);然而,Z-R 关系不仅高度依赖于特定的气候带、地理位置和地形,而且还随季节而变化。图 3.11 显示了本研究中 Z-R 关系的季节变化,以及两个先前导出的重要关系用于比较,即通常业务雷达对流云降雨 $Z = 300R^{1.4}$,中纬度层状云降雨 $Z = 200R^{1.6}$。在本书中,分别获得了总体、春季、夏季和秋季的以下 Z-R 关系:$Z = 202.77R^{1.63}$、$Z = 215.27R^{1.59}$、$Z = 188.45R^{1.71}$ 和 $Z = 161.58R^{1.55}$。对于 Z-R 关系,秋季的系数和指数在所有季节中最小,而春季(夏季)的系数(指数)最大。除了 $Z < 37$ $mm^6 \cdot m^{-3}$(15.7 dBZ)之外,在给定 Z 值的情况下,秋季显示出所有季节中最大的 R 值。相反,如果给定 R 值,秋季的 Z 值几乎总是最小的,主要是因为与其他季

节相比,秋季的小雨滴最多,中雨滴和大雨滴最少。此外,从夏季和春季的 $Z\text{-}R$ 关系的比较可以看出,当 Z 低于(高于)1223 $\mathrm{mm}^6 \cdot \mathrm{m}^{-3}$(30.9 dBZ)时,夏季(春季)的 R 会更大。值得注意的是,使用业务雷达默认的 $Z=300R^{1.4}$ 将低估秋季所有等级的降雨量及春季和夏季较低 R ($R<4.2\ \mathrm{mm} \cdot \mathrm{h}^{-1}$)的降雨量,此外还将高估春季和夏季较高的降雨量。因此,在研究天山 $Z\text{-}R$ 关系时,实测 DSD 数据显得至关重要。

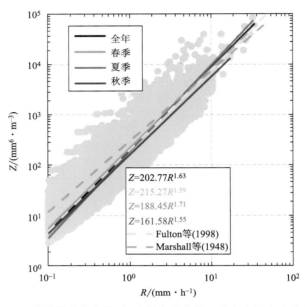

图 3.11　$Z\text{-}R$ 关系的季节变化(相应颜色的实线),黄色和橙色虚线分别代表
Fulton 等(1998)和 Marshall 等(1948)的先前研究结果

　　$\mu\text{-}\Lambda$ 关系对理解降雨微物理过程具有重要意义,并受到地理位置和气候的极大影响,而之前的研究表明,这些关系具有明显的季节变化性。根据 Zhang 等(2003)提出的标准和方法,获得了天山 $\mu\text{-}\Lambda$ 关系的季节变化(图 3.12,实线)。为了进行比较,图 3.12 还用相应颜色的虚线显示了其他区域的结果。对于总体数据,$\mu\text{-}\Lambda$ 关系为 $\Lambda=0.0038\mu^2+1.0159\mu+1.4315$。在整个 μ 范围内,夏季的 $\mu\text{-}\Lambda$ 关系与总体数据的关系最为相似;而随着 μ 的增长,春季和秋季的 Λ 与总体和夏季的 Λ 区别明显。$\mu\text{-}\Lambda$ 关系在不同区域也表现出明显的差异,这些 $\mu\text{-}\Lambda$ 关系可分为 3 组:第 1 组包含中国东部、中国北部和中国南部,与其他两组相比,它们的 Λ 最小[除了 $\mu>12$ 时,Zhang 等(2019a)的关系与前两个关系有一些显著差异]。第 2 组包含青藏高原的 $\mu\text{-}\Lambda$ 关系,其中对于给定的 μ 值,Wang 等(2021)的关系与其他两组相比具有最大的 Λ 值。第 3 组包含本研究和 Zhang 等(2003)的 $\mu\text{-}\Lambda$ 关系,其曲线位于第 1 组和第 2 组之间,与其他季节相比,本研究中春季的 $\mu\text{-}\Lambda$ 关系更接近 Zhang 等(2003)。因此,本研究进一步表明,$\mu\text{-}\Lambda$ 关系不仅取决于气候和地理位置,还取决于季节。

　　除了 $Z\text{-}R$ 和 $\mu\text{-}\Lambda$ 关系外,对于地形陡峭的山区,强降雨也很容易导致次生灾害,包括洪水、泥石流和滑坡。因此,评估天山降雨动能 KE 是必要的。图 3.13 分别显示了 $\mathrm{KE}_{\mathrm{time}}\text{-}R$ 和 $\mathrm{KE}_{\mathrm{mm}}\text{-}D_m$ 关系的季节变化。对于总体,使用最小二乘法,$\mathrm{KE}_{\mathrm{time}}\text{-}R$ 关系显示为 $\mathrm{KE}_{\mathrm{time}}=10.499R^{1.301}$。春季和夏季的拟合曲线与总体的拟合曲线非常接近。在相同的 R 下,夏季的

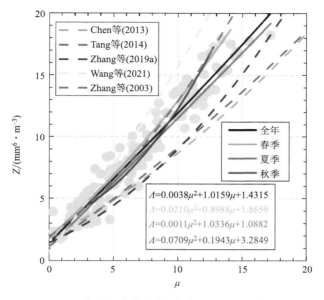

图 3.12　天山 μ-Λ 关系的季节变化(实线),相关研究结果显示为虚线

KE$_{\text{time}}$ 略大于春季,而秋季与其他季节之间也存在一定差异(图 3.13a)。在夏季的高 R($R>$ 15.5 mm^{-1}·h)情况下,Zeng 等(2022a)报道的位于天山中部的乌鲁木齐夏季的 KE$_{\text{time}}$-R 关系(KE$_{\text{time}}$$=7.432R^{1.441}$)的 KE$_{\text{time}}$ 相较本研究夏季的 KE$_{\text{time}}$-R 关系(KE$_{\text{time}}$$=11.442R^{1.284}$)的 KE$_{\text{time}}$ 更大,当 $R<15.5$ mm^{-1} h 时,情况相反。当 $D_m<2$ mm 时,每个季节的 KE$_{\text{mm}}$-D_m 关系的拟合曲线几乎重叠,而当 D_m 继续增加时,季节之间存在一定差异。具体而言,当 $D_m>$ 2 mm 时,春季的拟合曲线接近整体的拟合曲线,而秋季和夏季的拟合曲线分别高于和低于春季拟合曲线。因此,R 和雨滴大小都会导致降雨 KE 的季节变化。我们认为,秋季与其他季节之间的明显差异与较低的对流降水量、较多的小雨滴及较少的中、大雨滴密切相关。

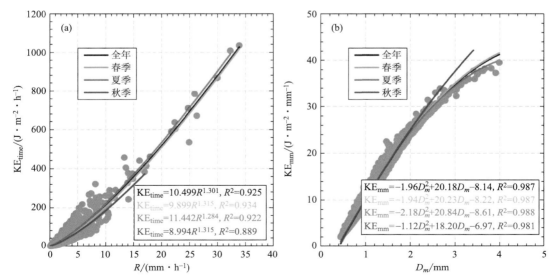

图 3.13　KE$_{\text{time}}$-R(a)和 KE$_{\text{mm}}$-D_m(b)关系的季节变化

中国天山云和降水物理观测特征

3.1.6 结论

本研究利用中国天山地区 2 a 的 DSD 观测,揭示了整个数据集的 DSD 季节变化,以及中国典型干旱地区的不同降雨类型和降雨率等级。此外,还导出了每个季节的 Z-R、μ-Λ、KE_{time}-R 和 KE_{mm}-D_m 关系。主要结论如下。

(1)归一化 Gamma 分布模型可以很好地反映每个季节的观测 DSD。降雨过程中,夏季(秋季)的中雨滴和大雨滴最多(最少)、小雨滴最少(最多),且夏季有最大直径雨滴。在夏季(秋季),小雨滴对 R 的贡献最小(最大),而在夏季(秋天),中雨滴和大雨滴对 R 的贡献最大(最少)。在夏季(秋季),小雨滴对 N_t 的贡献最小(最多),而中雨滴和大雨滴在夏季(秋天)对 N_t 贡献最大(最少)。夏季(秋季)D_m 的最大平均值为 1.059 mm(最小值为 0.876 mm),D_0 的分布特征与 D_m 相似。$\log_{10} N_w$ 的平均值在秋季达到最大值 3.738(夏季最低值 3.505)。

(2)春季的总体、对流云降雨和层状云降雨的 D_0($\log_{10} N_w$)平均值分别为 0.903 mm(3.690)、2.329 mm(2.997)和 0.897 mm(3.693)。夏季的总体、对流云降雨和层状云降雨的 D_0($\log_{10} N_w$)平均值比春季的大(小)。秋季的总体和层状云降雨的 D_0($\log_{10} N_w$)平均值略小于(大于)春季。在所有季节中,层状云降雨都是主导降雨类型,与对流云降雨相比,它含有更多的小雨滴,以及更少的中和大雨滴。对于层状云降雨,夏季(秋季)的小雨滴最少(最多),中雨滴和大雨滴最多(最少)。而整体上夏季的雨滴直径最大。对于对流云降水而言,夏季的中、小雨滴比春季少,夏季降水含有较大的雨滴。

(3)DSD 根据 R 被分为 5 个等级(C1,0.1 mm·h^{-1}≤R<0.5 mm·h^{-1};C2,0.5 mm·h^{-1}≤R<1 mm·h^{-1};C3,1 mm·h^{-1}≤R<2 mm·h^{-1};C4,2 mm·h^{-1}≤R<5 mm·h^{-1};C5,R≥5 mm·h^{-1})。秋季的小雨滴浓度在前 4 个等级中最高,而夏季的小雨滴浓度在所有等级中最低。随着降雨率等级的增加,春季中、大雨滴的浓度从 C1 的最低值(与秋季相当)变为 C4(与夏季相当),直到在 C5 超过夏季,达到最大值。从 C1 到 C5,春季不同直径的雨滴浓度呈上升趋势。对于所有季节,D_m、D_0 和 Z 均随降雨率等级的增加而增加,除 C5 外,这些参数在夏季(秋季)达到最大值(最小值)。然而,在所有降雨率等级中,$\log_{10} N_w$ 在秋季(夏季)达到最大(最小)。

(4)根据 DSD 数据得出的本地 Z-R、KE_{time}-R 和 KE_{mm}-D_m 关系表明秋季与其他季节相比存在显著差异。μ-Λ 关系具有明显的季节变化特征,我们的结果与其他地区的结果也存在显著差异。在所有季节中,夏季水汽的垂直积分最大,温暖干燥的大气垂直环境最为突出,冷雨过程和强对流降雨更为频繁。所有这些都是影响夏季小雨滴最少、中雨滴和大雨滴最多的因素。

3.2 西天山雨季降水雨滴谱观测特征

本研究的雨滴谱数据由安装在新疆伊宁县气象站的雨滴谱仪采集,采集时间为 2018 年 7 月—2020 年 8 月(研究时段为 4—10 月,而 11 月—次年 3 月以降雪为主,不考虑),用以研究总的降雨时段西天山地区的雨滴谱特征。共得到 17845 min 的有效样本。数据质量控制和参数计算与 3.1 节相同。

3.2.1　雨季 DSD 参数分布

图 3.14 为降雨强度频率累积曲线。小于 0.5 mm·h^{-1} 的样本占样本总数的近一半,达到 46.67%,小于 1 mm·h^{-1} 的样本占总数的 69.64%。17845 min 数据计算的平均降雨强度为 0.93 mm·h^{-1}(表 3.4)。可以看出,对于干旱半干旱的新疆地区,水汽严重不足,降雨过程多为弱降雨,与雨量计测量结果一致。

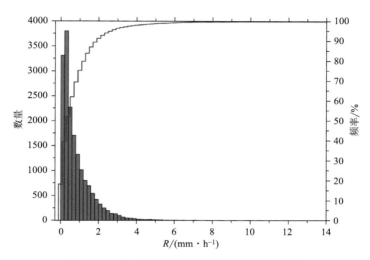

图 3.14　由雨滴谱数据计算的雨强的分布频率

图 3.15 显示了所有样本的直方图。图 3.16 还显示了包括平均值(Mean)、标准偏差(SD)和偏度(SK)在内的三个关键统计数据。D_m 和 $\log_{10} N_w$ 的平均值分别为 1.02 mm 和 3.66。D_m 直方图呈现出高度正偏度的特点,$\log_{10} N_w$ 偏度为 -0.37,说明分布更加对称。同时,D_m 和 $\log_{10} N_w$ 的标准差分别达到 0.43 mm 和 0.49,具有较高的变异性。除此之外,R、W 和 Z 三个关键特征统计也如表 3.4 所示。

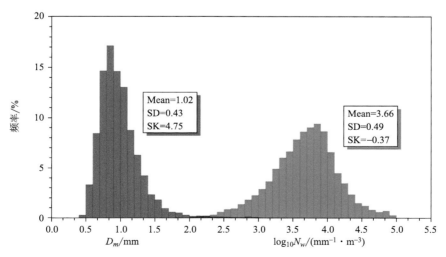

图 3.15　所有样本 D_m 和 $\log_{10} N_w$ 的直方图,平均值(Mean)、标准差(SD)和偏度(SK)也被显示在图上

表 3.4 所有样本 DSD 参数的统计特征

参数	D_m/ mm	$\log_{10} N_w$/ $(m^{-3} \cdot mm^{-1})$	R/ $(mm \cdot h^{-1})$	W/ $(g \cdot m^{-3})$	Z/ dBZ
Mean	1.02	3.66	0.93	0.10	20.29
SD	0.43	0.49	1.23	0.41	7.50
SK	4.75	−0.37	6.51	15.87	1.26

3.2.2 不同降雨类型的 DSD 特征

在该小节中,基于对流云降水和层状云降水的分类,研究了不同降雨类型的雨滴谱特征。过去,许多研究人员已经开发了一些基于雨滴谱仪的分类方案。其中,Bringi 等(2003)根据 R 和 R 的标准差将降雨分为对流云降雨和层状云降雨,这种分类方法已经在很多研究中得到应用,本研究参考了类似的分类方法。具体而言,对于连续 10 min 降雨,$0.5\ mm \cdot h^{-1} \leqslant R \leqslant 5\ mm \cdot h^{-1}$,$R$ 标准差 $\leqslant 1.5\ mm \cdot h^{-1}$,视为层状云降雨;连续 10 min 降雨,$R \geqslant 5\ mm \cdot h^{-1}$,$R$ 标准差 $\geqslant 1.5\ mm \cdot h^{-1}$,认为是对流云降雨。通过这种分类方法,获得了 236 个对流云降雨样本和 5479 个层状云降雨样本。可以看出,对流云降雨样本明显少于层状云降雨样本,这主要是由于层状云降雨的普遍存在是干旱区降雨的特征。

图 3.16 显示了对流云降雨和层状云降雨 D_m 和 $\log_{10} N_w$ 的直方图。两种类型的降雨 D_m 均为正偏度,而对流云降雨的 $\log_{10} N_w$ 为负偏度。对流云降雨和层状云降雨的 D_m 平均值分别为 1.62 mm 和 1.09 mm,而两种降雨的 $\log_{10} N_w$ 平均值分别为 3.73 和 3.80。对流云降雨 D_m 和 $\log_{10} N_w$ 的标准差大于层状云降雨的标准差,说明对流云降雨的变化更为广泛。

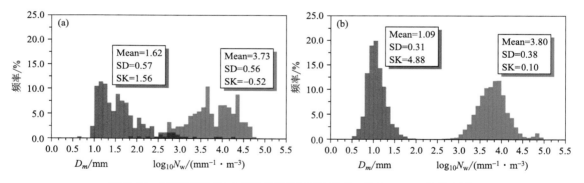

图 3.16 对流云降雨(a)和层状云降雨(b)的 D_m 和 $\log_{10} N_w$ 的直方图

为了进一步得到不同降雨类型 D_m 和 R 之间的关系,我们拟合了两种降雨类型的 D_m-R 关系曲线,如图 3.17 所示,对流云降雨 D_m 和 R 集中在 $1.0 \sim 2.0\ mm$ 和 $5.0 \sim 6.0\ mm \cdot h^{-1}$,而层状云降雨 D_m 和 R 集中在 $0.6 \sim 1.6\ mm$ 和 $1.0 \sim 2.0\ mm \cdot h^{-1}$。两种类型的降雨的 D_m 都随着 R 的增加而增加(幂律拟合方程的指数为正),并且分布变得更窄。在较高的降雨强度下,D_m 的值趋于稳定,这可能是由于雨滴的碰并和破裂接近平衡,而这种情况下的增加可能是由于浓度的增加。

图 3.18 显示了两种雨型的 $\log_{10} N_w$ 比 D_m 散点图,以及中国不同地区的统计结果。两个

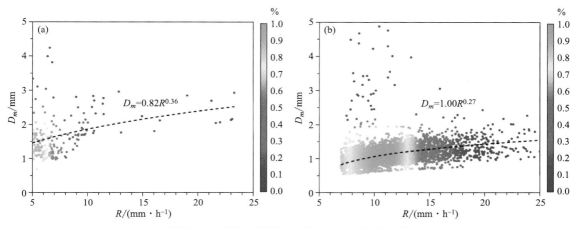

图 3.17　对流云降雨（a）和层状云降雨（b）的 D_m 和 R 散射密度图。每个面板也采用最小二乘法提供拟合关系,颜色条表示散点图的相对密度

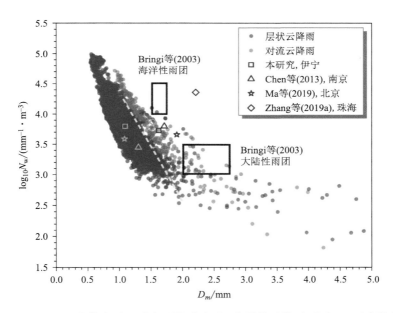

图 3.18　$\log_{10}N_w$ 比 D_m 的散点对于对流云降雨（红点）和层状云降雨（蓝点）。两个黑色矩形代表大陆性和海洋性对流雨团,黄色虚线是 $\log_{10}N_w$-D_m 关系对于层状云降雨被 Bringi 等（2003）报道。方块代表本研究中的平均值。三角形、圆形、星形和菱形代表 Chen 等（2013）,Ma 等（2019）和 Zhang 等（2019a）先前研究中获得的中国不同地区平均值。这些符号的颜色代表不同的降雨;绿色代表层状云降雨,棕色代表对流云降雨

黑色矩形对应于海洋和大陆性对流云降雨雨团,黄色虚线是 Bringi 等（2003）报道的层状云降雨关系。对于对流云降雨和层状云雨,散点的集中程度存在差异。具体而言,对流云降雨 $\log_{10}N_w$ 和 D_m 分别集中在 3.3～4.3 和 1.0～2.0 mm,层状云降雨 $\log_{10}N_w$ 和 D_m 分别集中在 3.1～4.5 和 0.6～1.6 mm,虽然有一些重叠区域,但两类降雨边界明显。对于对流云降雨,虽然"大陆性雨团"中的点数较少,但大部分点既不在"大陆性雨团"内,也不在"海洋性雨

团"内,且趋向于接近层状云降雨。对于层状云降雨,大多数点出现在"层状线"的左侧。对比中国不同地区 DSD 的统计结果,我们得到了有趣的结论。为了减少不同仪器测量带来的误差,我们只比较了使用 Parsivel 雨滴谱仪测量的结果。结论是,对于层状云降雨,D_m 在华北(北京)和西北(伊宁)小于华东(南京),华南(珠海)的 D_m 为最大的。同时,对于层状云降雨,北京和伊宁的 D_m 虽然有相似之处,但伊宁的 $\log_{10} N_w$ 要大于北京。对于对流云降雨,D_m 在伊宁最小,珠海最大,$\log_{10} N_w$ 在珠海也是最大。这一结果表明,DSD 的特征高度依赖于特定的地理位置和气候条件。

图 3.19 显示了两种降雨类型的 DSD。两种降雨 DSD 分布存在较大差异。对流云降雨和层状云降雨的 DSD 峰值分别位于直径 0.7 mm 和 1.2 mm 处。当直径小于 0.7 mm 时,两种降雨的 DSD 基本重合,而当直径大于 0.7 mm 后,对流云降雨的 DSD 位于层状云降雨之上。可以看出,对流云降雨中的大雨滴比层状云降雨多,这些大雨滴对降雨强度的贡献更大。

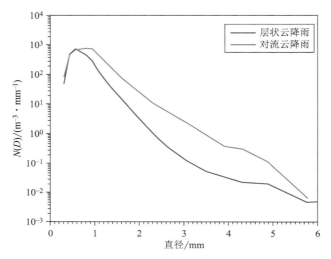

图 3.19　对流云降雨(红线)和层状云降雨(蓝线)平均 DSD

3.2.3　不同降雨率等级的 DSD 特征

为进一步了解新疆不同降雨强度下 DSD 的性质,借鉴前人研究的分类标准,结合新疆降雨以弱降雨为主的事实,将 DSD 按照 R 分别 6 类:C1,0.1 mm·h⁻¹≤R<0.5 mm·h⁻¹;C2,0.5 mm·h⁻¹≤R<1 mm·h⁻¹;C3,1 mm·h⁻¹≤R<2 mm·h⁻¹;C4,2 mm·h⁻¹≤R<5 mm·h⁻¹;C5,5 mm·h⁻¹≤R<10 mm·h⁻¹;C6,R≥10 mm·h⁻¹。

图 3.20a,b 分别以箱线图的形式显示了六个降雨率等级下 $\log_{10} N_w$ 和 D_m 的变化。D_m 随 R 的增大而增大,$\log_{10} N_w$ 则呈现先增大后减小的趋势。为了更清楚地看出两者随 R 增加的变化趋势,图 3.20c 显示了在不同降雨等级下 $\log_{10} N_w$ 平均值(伴随±1 标准差)随 D_m 平均值的变化。可以看出,D_m 的平均值比 $\log_{10} N_w$ 的平均值具有更广泛的变化范围,并且在强降雨等级下变化更为显著。D_m 的平均值在 0.92～2.18 mm 变化,$\log_{10} N_w$ 平均值在 3.34～3.81 变化。此外,图 3.20d 显示了不同降雨率等级的 $\log_{10} N_w$ 比 D_m 的散点图,黑色虚线是 Bringi 等(2003)报道的层状云降雨关系。可以看出,随着 R 的增加,D_m 呈增加趋势,散点分散度增

强。C3 和 C4 的散点更接近黑色虚线,对应的降雨量为 1～5 mm。

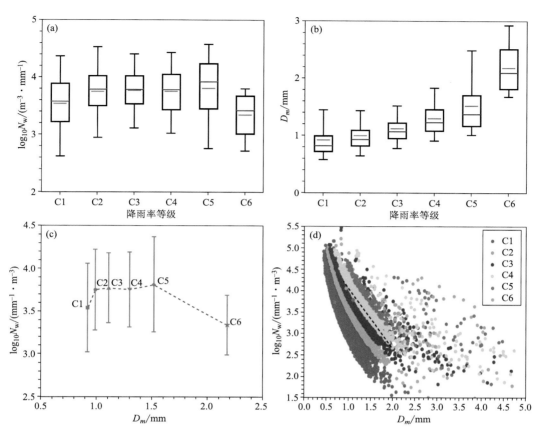

图 3.20　不同降雨率等级的归一化截距参数(a)和质量加权平均直径(b)的变化。方框的蓝色中心线
表示中位数,方框中的红色中心线表示平均值,方框底部和顶部的线分别表示第 25 和第 75 个百分位
数。框外垂直线的底线和顶线分别表示第 5 个和第 95 个百分位数。不同降雨等级(c)中平均归一化
截距参数(伴随±1 标准偏差)随质量加权平均直径的变化。不同降雨率等级的 $\log_{10}N_w$ 和 D_m 散点(d)。
黑色虚线是 Bringi 等(2003)报告的层状雨的关系

　　为了便于比较不同降雨率等级之间的平均 DSD,将不同降雨率等级的平均 DSD 叠加在同
一张图上(图 3.21)。可以清楚地看到,随着 R 增加,DSD 的光谱宽度增加,DSD 峰对应的直
径增加。在直径较小(小于 0.6 mm)范围内,不同降雨率等级对应浓度相近,当直径大于 0.6
mm 时,高降雨率等级对应浓度呈增加趋势。可以看出,在每个降雨率等级中都有直径较小的
颗粒,而增加降雨率的主要因素是有更多的较大直径的颗粒。

3.2.4　Z-R 关系

　　由 Z 和 R 得到的 $Z = A \cdot R^b$ 关系是单极化雷达(包括伊宁目前使用的雷达)定量降水估测
(QPE)中应用最广泛的算法。然而,许多研究人员指出,关系中的系数 A 和指标 b 具有很强
的可变性。过去,一些研究人员利用 Parsivel 雨滴谱仪在中国不同地区开展了局地关系研究,
这对于提高局部降水定量估计能力具有一定的意义。本研究采用最小二乘法推导了伊宁地区

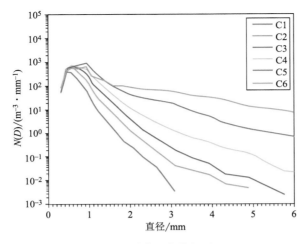

图 3.21　不同降雨率等级下 DSD

不同降雨类型的 *Z-R* 关系，旨在为该地区降水量的定量估算提供参考。

图 3.22 是对流云降雨与层状云降水 *Z-R* 关系的散点图，以及对应的拟合曲线。为了比较，WSR-88D(1998)中的默认关系和 Marshall 等(1948)报告的大陆层状云降雨关系也如图 3.22 所示。对于层状云降雨，Marshall 等(1948)报告的大陆层状云降雨关系将高估本研究拟合的降雨量，而这种高估在高反射率条件下更为明显。WSR-88D 中的默认关系会低估反射率值较低的层状云降雨，而高估反射率值较高的层状云降雨。至于对流云降雨，总体趋势被高估了。此外，为了与中国不同地区进行比较，我们还绘制了中国不同地区的对流云降水与层状云降水的关系，包括中国西部的那曲(2017)、中国南方的阳江(2017)、中国东部的南京(2019)和中国北方的北京(2019)。显然，各个地区的关系差异显著，这也说明本地研究是非常必要的。

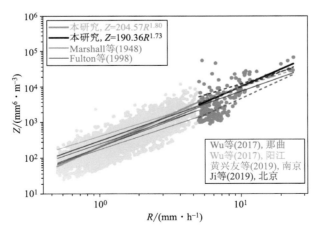

图 3.22　对流云降雨(深灰点)和层状云降雨(浅灰点)*Z-R* 关系的散点。对流云降雨和层状云降雨 $Z = A \cdot R^{b}$ 拟合关系分别用橙色和黑色实线表示。洋红色实线表示 Marshall 等(1948)报道的大陆层状云降雨关系。紫色实线表示 Fulton 等(1998)报告的默认 NEXRAD 关系。红色、绿色、蓝色和酒红色线分别代表 Wu 等(2017)、Wu 等(2017)、黄兴友等(2019)和 Ji 等(2019)之前在中国不同地区的研究中获得的关系。不同的线型代表不同的降雨:实线表示层状云降雨,虚线表示对流云降雨

3.2.5　μ-Λ 关系

μ-Λ 关系可以更好地描述自然降雨期间 DSD 的变化这一事实已被广泛证明。以往的大量研究表明,这种关系在不同的气候条件下是不同的。因此,有必要对位于典型干旱半干旱区的新疆伊宁地区进行研究。图 3.23 为伊宁地区 μ-Λ 散点图。灰色实心圆圈是所有数据中的点,这些散点的离散度很大,为了减少离散度,参考 Chen 等(2017)处理方法,即 DSD 数据只允许总粒子数 >300 的数据进行过滤后通过,这些数据点用黑色圆圈表示,对应的拟合二次多项式如下:

$$\mu = -0.0020\Lambda^2 + 0.6609\Lambda - 0.4299$$

比较 Chen 等(2017)的研究结果可以看出,在较小的值部分,两条拟合曲线重叠较好,但在较大的值部分,两条曲线的发散变得明显。这也进一步说明,在不同气候条件下,降水微物理的变异性是明显的。

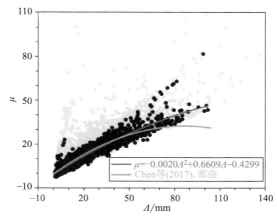

图 3.23　μ-Λ 关系散点。灰色和黑色点分别表示来自总数据和雨滴数 >300 的样本。
红色实线和方程表示本研究结果,绿色实线表示 Chen 等(2017)的研究结果

3.2.6　结论

本研究利用 2018 年 7 月—2020 年 8 月新疆伊宁雨季(4—10 月)雨滴谱数据,研究新疆干旱区 DSD 的性质。主要研究结果如下。

(1)所有降雨样本均以强度较弱的形式出现降雨,近 70% 的降雨率小于 1 mm·h^{-1},DSD 参数(D_m)和变量(R,W 和 Z)呈正偏态,说明伊宁地区高值频率低,低值频率高。这些参数的标准偏差越大,表明降雨变化越大。

(2)统计得到的对流云降雨样本明显少于层状云降雨样本。对流云降雨的质量加权平均直径 D_m 和 R 分别集中在 1.0~2.0 mm 和 5.0~6.0 mm·h^{-1},而层状云降雨的 D_m 和 R 分别集中在 0.6~1.6 mm 和 1.0~2.0 mm·h^{-1}。随着 R 增加,D_m 增加,并且分布变得更窄。整个年降雨时段,伊宁地区的对流云降雨既不属于"大陆型",也不属于"海洋型",且趋向于层状云降雨。对于层状云降雨,大多数点出现在"层状线"的左侧。对流云降雨和层状云降雨的雨滴光谱峰值分别位于直径 0.7 mm 和 1.2 mm 处。当直径小于 0.7 mm 时,两次降雨的

DSD 基本重合,而当直径大于 0.7 mm 后,对流云降雨的 DSD 位于层状云降雨的 DSD 之上。

(3)根据不同的降雨强度,雨滴谱分为 6 类。发现随着 R 的增大,D_m 增大,而标准化截距参数 $\log_{10} N_w$ 呈现先增大后减小的趋势。随着 R 增加,DSD 的谱宽增加,DSD 峰对应的直径增加。在直径较小(小于 0.6 mm)范围内,不同降雨率等级对应浓度相近,当直径大于 0.6 mm时,高降雨率等级对应浓度呈增加趋势。

(4)推导伊宁地区的 Z-R 关系,发现 WSR-88D 的默认关系会低估层状云降水反射率值较低的部分,而高估反射率值较高的部分。对于对流云降雨,降雨率总体被高估了。与 Chen 等(2017)相比,我们还推断了 μ-Λ 关系,我们发现两条拟合曲线在较小的部分吻合较好,当值较大时,两条曲线差异较大。

3.3 西天山和中天山降水雨滴谱观测特征

3.3.1 昭苏和天池降水雨滴谱观测特征

本节主要利用 2020—2021 年夏季 Parsivel^2 一维激光雨滴谱仪数据研究西天山和中天山不同雨强、不同降水类型的雨滴谱分布特征。资料和方法参见第 3.1 节。

3.3.1.1 不同雨强的雨滴谱分布特征

本研究使用的雨滴谱观测数据来源于 2020—2021 年 6—8 月在西天山和中天山的连续观测,试验仪器分别架设在昭苏(1851 m a.m.s.l.)和天池(1941.9 m a.m.s.l.)。两个观测点海拔高度相当,昭苏位于中国境内天山西部,天池位于中国境内天山中部。表 3.5 给出了昭苏和天池的样本概况。我们采用了 Chen 等(2017)提出的有效降雨事件的定义。由于大多数降雨事件是间歇性的,为了减少统计误差,剔除了持续时间不到 30 min 的降雨事件。最终,在昭苏站选取了 73 个有效降雨事件,对应 15579 个样本数据,在天池站选取了 52 个有效降雨事件,对应 10423 个样本数据。

表 3.5 昭苏和天池的样本概况

观测站点	有效降雨事件	1 min 样本数
昭苏	73	15579
天池	52	10423

考虑到天山主要以弱降水为主的客观事实,将昭苏和天池的雨滴谱数据按照 5 个雨强等级进行划分:R1,0.1~0.5 mm·h^{-1};R2,0.5~1 mm·h^{-1};R3,1~3 mm·h^{-1};R4,3~5 mm·h^{-1};R5,≥5 mm·h^{-1}。同时,将雨滴按直径大小分为三类:①小雨滴:<1 mm;②中雨滴:1~3 mm;③大雨滴:>3 mm。图 3.24 给出了昭苏(蓝色)和天池(红色)的平均雨滴谱。昭苏地区直径大于 1 mm 的雨滴数浓度明显高于天池地区。昭苏和天池的 D_m 和 $\log_{10} N_w$ 的平均值分别为 1.131(0.895)mm 和 3.535(3.923)m^{-3}·mm^{-1}。换句话说,昭苏夏季降水的大雨滴和中雨滴浓度相对高于天池。

不同雨强等级的雨滴数浓度分布可以很好地反映降水的基本特征。图 3.25 显示了不同雨强等级的雨滴数浓度随粒子直径的变化。昭苏和天池 5 种雨强等级的雨滴谱均为单峰型,

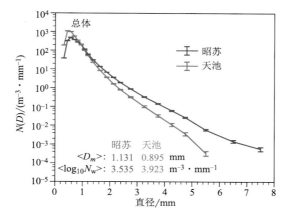

图 3.24 昭苏和天池的平均雨滴谱,误差条表示每个直径档样本的标准误差

峰值主要分布在直径 0.437～0.687 mm 之间。对于两个观测点,随着降雨强度的增加,雨滴谱的谱宽相应增大,谱形逐渐由陡峭变平缓。通过分析前两个雨强等级的结果可以看出,天池直径小于 0.75 mm 的雨滴数浓度高于昭苏,天池最大雨滴直径不超过 4 mm。对于 R3 和 R4,直径大于 1 mm 和 1.25 mm 的雨滴在昭苏比天池更常见。对于最后一个雨强等级,当直径大于 3 mm 时,两条曲线的间距随着直径的增大逐渐增大。由此可见,降水强度的增加基本是由于两个观测点大、中型雨滴的贡献,昭苏大、中型雨滴的数量明显大于天池。

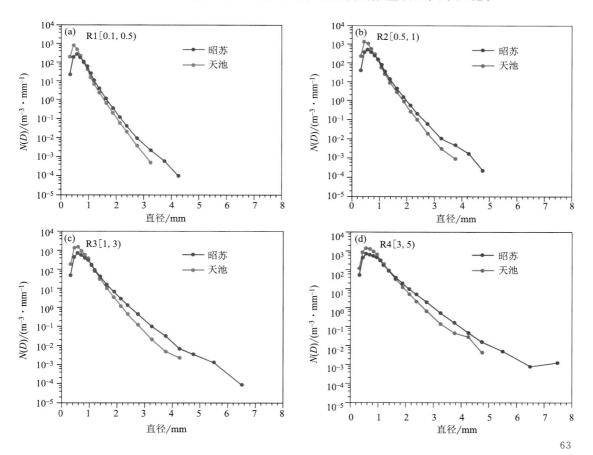

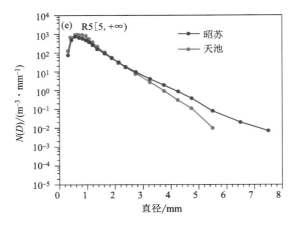

图 3.25　昭苏和天池 5 种雨强等级的平均雨滴谱

　　表 3.6 给出了昭苏和天池不同雨强等级 Gamma 拟合参数的平均值和标准差。根据昭苏和天池的统计结果,D_m 随降雨强度的增加而单调增加;相反,μ 和 Λ 呈下降趋势。μ 越小,雨滴谱谱宽越宽,说明雨滴直径的变化范围随着降雨强度的增大而增大。昭苏和天池 $\log_{10} N_w$ 的最大值均出现在 R3 中,这与 Wang 等(2021)和 Chen 等(2017)在青藏高原的研究结论一致。

表 3.6　昭苏和天池不同雨强等级 Gamma 拟合参数的平均值(Mean)和标准差(SD)

雨强等级	1 min 样本数	昭苏									
		R		D_m		$\log_{10} N_w$		μ		Λ	
		Mean	SD	Mean	SD	Mean	SD	Mean	SD	Mean	SD
R1	6552	0.26	0.11	0.91	0.25	3.40	0.50	14.04	11.55	21.89	17.17
R2	3175	0.75	0.14	1.03	0.31	3.64	0.51	9.56	8.48	14.66	12.91
R3	3830	1.79	0.55	1.23	0.42	3.68	0.55	6.74	6.14	9.87	7.74
R4	994	3.81	0.55	1.52	0.55	3.61	0.60	5.29	4.99	6.90	5.46
R5	1028	11.18	8.20	2.07	0.85	3.42	0.69	5.26	4.23	5.34	4.28
总体	15579	1.68	3.46	1.13	0.50	3.54	0.55	10.19	9.73	15.41	14.53

雨强等级	1 min 样本数	天池									
		R		D_m		$\log_{10} N_w$		μ		Λ	
		Mean	SD	Mean	SD	Mean	SD	Mean	SD	Mean	SD
R1	4655	0.26	0.11	0.77	0.22	3.77	0.56	15.77	12.01	29.29	22.60
R2	2004	0.72	0.15	0.87	0.23	4.00	0.54	11.27	9.05	20.01	15.53
R3	2910	1.76	0.55	0.98	0.26	4.11	0.50	9.54	8.25	15.76	12.70
R4	542	3.72	0.55	1.18	0.33	4.06	0.50	8.16	7.89	12.00	10.65
R5	312	10.45	7.47	1.60	0.52	3.85	0.45	5.77	4.97	6.87	5.37
总体	10423	1.25	2.28	0.89	0.30	3.92	0.55	12.48	10.63	22.16	19.33

此外,为了辨别昭苏和天池降水参数之间($\log_{10}R$、$\log_{10}W$、D_m 和 $\log_{10}N_w$)的差异,图 3.26 描绘了这些参数的频率分布直方图。由图可知,昭苏在 $\log_{10}R > -0.2$ 时的频率高于天池(图 3.26a)。对于液态水含量 W,昭苏和天池在统计参数(如平均值、标准差和偏度)上几乎没有差异。昭苏和天池 $\log_{10}R$ 的值均在 -1 处被截断且均呈现出明显的正偏态分布,原因是降雨量小于 $0.1\ \mathrm{mm \cdot h^{-1}}$ 的 1 min 样本被视为噪声剔除(图 3.26b)。D_m 直方图在昭苏和天池呈现正偏态分布,而 $\log_{10}N_w$ 直方图则呈现轻微的负偏态分布。昭苏的 D_m 分布比天池更分散,但两个观测点的 D_m 直方图在 1 mm 左右都出现峰值(图 3.26c)。由图 3.26d 可以看出,在昭苏,$\log_{10}N_w$ 值较低时频率较高,而在天池,$\log_{10}N_w$ 值较高时频率较高。

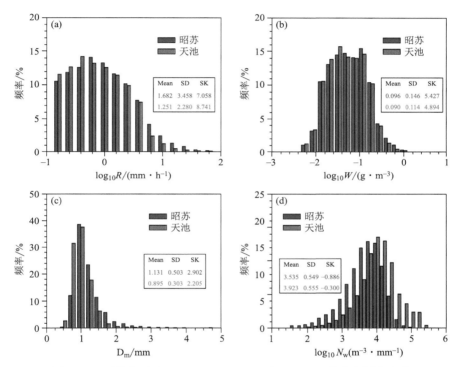

图 3.26　昭苏和天池 $\log_{10}R$、$\log_{10}W$、D_m 和 $\log_{10}N_w$ 的直方图分布及相关统计参数(平均值 Mean、标准差 SD 和偏度 SK)

昭苏和天池五种雨强等级 D_m 和 $\log_{10}N_w$ 的箱线图如图 3.27 所示。昭苏和天池的 D_m 中位数随降雨强度的增加而增大,而 $\log_{10}N_w$ 的中位数则呈不规则趋势。此外,由于大、中型雨滴浓度的增加,两个观测点 D_m 值的变化范围也随着降雨强度的增加而逐渐变大。值得注意的是,昭苏在各雨强等级中的 D_m 值比天池高,$\log_{10}N_w$ 值比天池低。结合图 3.25,这可能归因于以下原因。在各雨强等级中,直径小于 0.75 mm 的雨滴浓度低于天池,直径大于 3 mm 的雨滴浓度高于昭苏。

图 3.28 为昭苏和天池地区 D_m-R 和 $\log_{10}N_w$-R 的散点图。昭苏的 D_m 值分布在 $0.5 \sim 3.8$ mm,天池的 D_m 值主要分布在 $0.4 \sim 3$ mm。在较低的降雨强度下,昭苏的 D_m 值增加较快。两个观测点的 D_m 和 $\log_{10}N_w$ 值的范围随着降雨强度的增加逐渐变窄。Hu 等(1995)指出,随着降雨强度的增加,雨滴的合并和破裂过程将接近平衡。然而,Testud 等(2001)发现,D_m

中国天山云和降水物理观测特征

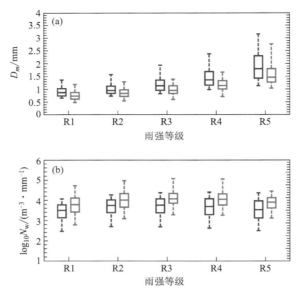

图 3.27　昭苏(蓝色)和天池(红色)5 种雨强等级 D_m 和 $\log_{10}N_w$ 的箱线图,方框的
中心线表示中位数,方框的底部和顶部线分别表示第 25 和第 75 百分位,虚线的底
部和顶部线分别表示第 5 百分位和第 95 百分位

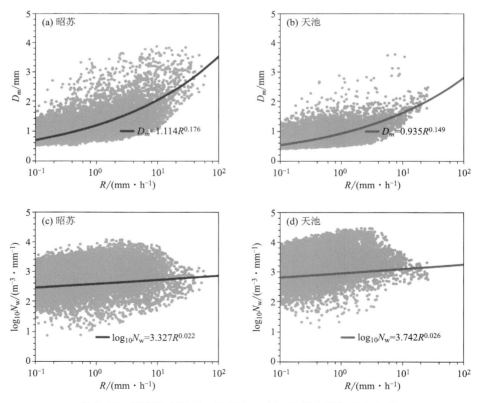

图 3.28　昭苏和天池 D_m-R 和 $\log_{10}N_w$-R 散点图及拟合曲线

66

和 $\log_{10}N_w$ 值逐渐趋于平衡主要是由于在较高的降雨强度下样本的快速减少。昭苏 D_m-R 的拟合系数和指数均高于天池。相比之下,天池 $\log_{10}N_w$-R 的拟合系数和指数均高于昭苏。以上结果进一步证实了 D_m-R 和 $\log_{10}N_w$-R 关系对地理位置的变化非常敏感。

作为两个独立的物理量,质量加权平均直径 D_m 和归一化截距参数 N_w 常被用来表示雨滴的大小和数浓度。图 3.29a 和图 3.29b 分别为昭苏和天池不同雨强等级 D_m 和 $\log_{10}N_w$ 散点图。两个黑色矩形分别对应海洋和大陆对流簇,绿色虚线是 Bringi 等(2003)报道的层状云和对流云降水之间的分隔线。海洋性对流 D_m 值分布在 $1.5\sim1.75$ mm,$\log_{10}N_w$ 值分布在 $4\sim4.5$。大陆性对流的 D_m 值分布在 $2\sim2.75$ mm,$\log_{10}N_w$ 值分布在 $3\sim3.5$。如图 3.29a 和图 3.29b 所示,随着 D_m 的增加,$\log_{10}N_w$ 呈减小趋势,值得注意的是,随着降雨强度的增加,散点图更加分散。5 mm·h^{-1} 的降雨强度似乎可以作为西天山和中天山对流云降水和层状云降水的分类标准。对于层状云降水,降雨强度小于 5 mm·h^{-1} 的点集中在昭苏和天池的虚线左侧。对于对流云降水,昭苏和天池的雨滴谱与大陆对流簇相似。昭苏和天池总数据集的平均 $\log_{10}N_w$ 随 D_m 的变化如图 3.19c 所示。为了进一步探讨天山地区的雨滴谱特征,我们将所得结果与中国其他地区的雨滴谱特征进行比较。昭苏的平均 $\log_{10}N_w$ 和 D_m 值与 Ma 等(2019)报道的华北(北京)的平均 $\log_{10}N_w$ 和 D_m 值非常接近。结果表明,干旱地区的雨滴大小明显小于中国东部和南部等受季风系统影响的湿润地区。

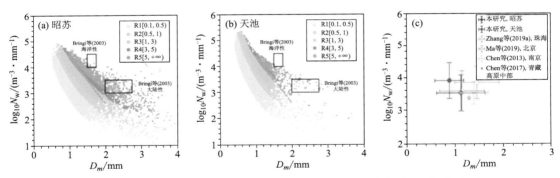

图 3.29　昭苏(a)和天池(b)5 个雨强等级 $\log_{10}N_w$-D_m 的散点图,昭苏(蓝色)和天池(红色)的总数据集平均 $\log_{10}N_w$ 随 D_m(以及正负标准差)的变化(c)

Brandes 等(2002)和 Zhang 等(2003)发现,μ-Λ 关系随地理位置和降水类型而变化。与 μ-N_0 关系相比,μ-Λ 关系可能更真实地反映雨滴谱分布。Ulbrich(1983)提出,对于 Gamma 分布,$\Lambda D_m=4+\mu$。为了估计昭苏和天池的 μ-Λ 关系,可以采用一些标准来获得更可靠的 μ-Λ 关系。基于 Chen 等(2017)研究中提出的相同方法,选取昭苏和天池总雨滴>300 的降水样本,分析 μ-Λ 关系。图 3.30 中的蓝线和红线表示使用最小二乘法得到的两个站点上的 μ-Λ 关系。昭苏和天池的拟合方程如下:

$$昭苏:\Lambda=0.0128\mu^2+1.1439\mu+2.2059$$
$$天池:\Lambda=0.0188\mu^2+1.2344\mu+2.927$$

由上述方程可知,昭苏的平方项和线性项的拟合系数小于天池。在同一个 Λ 下,昭苏对应较大的 μ 和 D_m 值。昭苏的 μ-Λ 关系与青藏高原中部的 μ-Λ 关系非常接近,这可能与昭苏特殊的地形有关。昭苏的喇叭口地形使来自大西洋的暖湿气流通过地形阻塞作用汇聚于此,导致

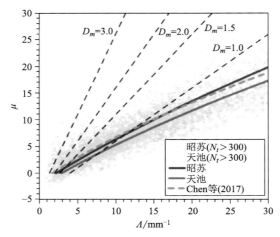

图 3.30　昭苏和天池 μ-Λ 散点图,灰色虚线对应于 $D_m=1.0,1.5,2.0$ 和 3.0 mm 时的关系 $\Lambda D_m=4+\mu$,蓝线和红线分别表示昭苏和天池的拟合 μ-Λ 关系,绿色虚线对应的是 Chen 等(2017)得出的 μ-Λ 关系

昭苏与青藏高原中部的 μ-Λ 关系十分相似。

　　从天气雷达资料估计降雨强度的一般方法是建立雷达反射率 Z 与雨强 R 之间的经验关系,即 $Z=a\cdot R^b$。中国天气雷达使用的内置 Z-R 关系是 Hunter(1996)提出的经典夏季对流降水关系式 $Z=300R^{1.4}$。由上述关系估计的 R 值往往大于实际值,导致对降水的高估。在过去的几十年里,通过碰撞、合并和破裂过程的演化被认为是主导 Z-R 关系的主要过程。然而,Jameson 等(2001)认为降水演化问题在时间上确实是三维的。换句话说,雨滴在时间和空间上的聚并过程使雨滴之间的相互作用复杂化。昭苏和天池的 Z-R 拟合关系分别为 $Z=268.54R^{1.45}$ 和 $Z=151.42R^{1.35}$(图 3.31)。考虑到本研究的 Z-R 关系仅来自一维激光雨滴谱仪 2 a 的数据,后续将需要更多的观测数据来研究天山地区的雨滴谱特征,从而进一步提高雷达定量降水估测的准确率。

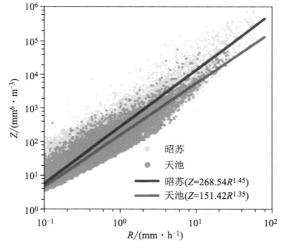

图 3.31　昭苏(浅灰色点)和天池(深灰色点)的 Z-R 散点图,蓝线和红线分别代表昭苏和天池的 Z-R 拟合关系

3.3.1.2　对流云降水的雨滴谱分布特征

昭苏位于新疆西北部天山北麓,伊犁河上游特克斯流域,地处 43°09′—43°15′N、80°08′—81°30′E 之间,海拔 1323～6995 m,为中亚内陆腹地一个群山环绕的高位山间盆地。昭苏属大陆性温带山区干旱半湿润冷凉气候区,由于其特殊的地理位置,使得昭苏夏季多对流性降水,易产生洪水、冰雹、雷电等自然灾害,给人民群众生命财产安全带来严重威胁。表 3.7 为昭苏层状云和对流云降水的样本概况,这里采用 Chen 等(2013)提出的阈值标准对降水云系进行划分。根据统计分析可知,昭苏地区夏季多为层状云降水,占总样本的 49.5%,对流云降水频次较低,仅占总样本的 6.5%,其余为混合云降水,占总样本的 44%。考虑到暴雨中的对流云区是形成强对流天气系统的主要原因,而层状云区对暴雨的降水量和降水持续时间有直接的作用,且二者之间的产生机理不同,对环境的加热作用不同,所以这里着重研究新疆昭苏地区层状云和对流云这两种类型的降水云系。

表 3.7　昭苏层状云和对流云降水样本概况

降水时段 (年-月-日 时:分)	层状云雨滴谱样本数	层状云雨滴谱样本数比例/%	对流云雨滴谱样本数	对流云雨滴谱样本数比例/%	过程雨量/mm
2020-06-11 09:44—2020-06-11 22:05	335	67.5%	52	10.5%	10.7
2020-06-16 19:06—2020-06-17 04:25	154	34.2%	56	12.4%	9.7
2020-06-27 14:10—2020-06-27 20:58	164	42.2%	44	11.3%	7.3
2020-06-28 10:24—2020-06-29 08:25	717	59.9%	0	0	16.9
2020-07-05 23:40—2020-07-06 19:52	412	56.6%	0	0	11.4
2020-07-11 18:59—2020-07-12 13:25	253	47.9%	66	12.5%	13.4
2020-07-20 14:36—2020-07-21 07:08	266	43.3%	34	5.5%	9.4
2020-07-30 07:38—2020-07-30 21:04	360	52%	187	27%	13.5
2020-08-08 12:23—2020-08-09 02:30	267	50%	71	13.3%	18.2
2020-08-14 00:15—2020-08-14 13:15	235	50.5%	39	8.4%	13.6
2020-08-18 13:29—2020-08-19 03:54	324	54.7%	98	16.6%	22.9
2020-08-26 21:35—2020-08-27 18:43	628	72.6%	0	0	15.1
2021-06-07 12:11—2021-06-08 15:20	495	51.9%	63	6.6%	29.8
2021-06-19 02:10—2021-06-20 22:23	145	36%	0	0	7.2
2021-06-22 17:02—2021-06-23 05:17	136	38.2%	47	13.2%	10.1
2021-06-25 19:43—2021-06-26 08:59	343	52.6%	22	3.4%	13.2
2021-07-11 13:12—2021-07-11 23:08	279	54.9%	54	10.6%	10.9
2021-07-17 08:38—2021-07-18 03:19	229	29.3%	28	3.6%	12.1
2021-07-27 10:23—2021-07-27 23:24	120	29.5%	0	0	2.9
2021-07-30 19:46—2021-07-31 20:50	585	49.9%	57	4.9%	25.2
2021-08-07 17:16—2021-08-07 21:55	96	27.1%	39	11%	6.1
2021-08-12 09:42—2021-08-13 04:41	814	62.5%	53	4.1%	26.2
2021-08-26 18:03—2021-08-26 07:25	221	33.3%	0	0	13.7
2021-08-31 15:51—2021-08-31 23:26	132	27.6%	0	0	7.7
总计	7710	49.5%	1010	6.5%	327.2

雨滴谱的微物理特征参量可以为更好地了解降水的基本特性提供有用的信息。表 3.8 为昭苏层状云和对流云降水微物理特征量的平均值,其中 R 为降水强度,Z 为雷达反射率因子,W 为液态水含量,N_t 为雨滴总数浓度,$\overline{D}$ 为雨滴的平均直径,$\overline{D_{\max}}$ 为雨滴的平均最大直径。由表 3.8 可知,层状云降水的平均雨强为 1.35 mm·h^{-1},平均雷达反射率因子为 23.54 dBZ,平均液态水含量为 0.09 g·m^{-3};对流云降水的平均雨强为 9.99 mm·h^{-1},平均雷达反射率因子为 37.50 dBZ,平均液态水含量为 0.46 g·m^{-3}。可以看出,昭苏对流云降水的雨强及液态水含量明显大于层状云降水。粒子直径主要表征单位体积内降水粒子的尺度特性,通过分析两类降水的特征直径及雨滴总数浓度可以发现,对流云降水粒子数浓度和粒子特征直径明显偏大,较大的雨滴直径和粒子数浓度使得其降水强度和液态水含量远大于层状云降水。

表 3.8　昭苏层状云和对流云降水微物理特征量的平均值

降水类型	$R/(\mathrm{mm \cdot h^{-1}})$	Z/dBZ	$W/(\mathrm{g \cdot m^{-3}})$	$\overline{D}/\mathrm{mm}$	$\overline{D_{\max}}/\mathrm{mm}$	$N_t/\mathrm{m^{-3}}$
层状云	1.35	23.54	0.09	0.70	1.94	499.64
对流云	9.99	37.50	0.46	0.83	3.50	312.47

表 3.9 给出了各档雨滴对 N_t、R 和 Z 的贡献率。无论是层状云降水还是对流云降水,小雨滴对雨滴总数浓度的贡献都是最大的,说明两种类型降水主要还是以小粒子为主,但对流云降水的大中雨滴数浓度要相对偏高。层状云降水中对雨强贡献最大的是小雨滴,约占 58.18%,对反射率贡献最大的主要是中雨滴,约占 75.62%;对流云降水中对雨强贡献最大的主要是中雨滴,约占 65.31%,对反射率贡献最大的则是大雨滴,约占 58.36%。

表 3.9　各档雨滴对 N_t、R 和 Z 的贡献率

降水类型	直径<1 mm			直径1~3 mm			直径≥3 mm		
	N_t	R	Z	N_t	R	Z	N_t	R	Z
层状云	89.07%	58.18%	16.51%	10.92%	41.52%	75.62%	0.01%	0.3%	7.87%
对流云	75.51%	25.75%	1.40%	24.30%	65.31%	40.24%	0.19%	8.94%	58.36%

平均雨滴谱是将各直径区间的雨滴数浓度求取平均而得到的,为了进一步研究昭苏层状云和对流云降水的雨滴谱特征差异,图 3.32 给出了两类降水云的平均雨滴谱和 Gamma 拟合分布。两类降水云的雨滴谱都表现出明显的单峰结构,峰值直径主要分布在 0.5~0.625 mm,且雨滴数浓度随尺度增大以指数形式递减。层状云降水雨滴谱的最大直径在 5.5 mm 左右,对流云降水雨滴谱的最大直径在 7.5 mm 左右,对流云降水的雨滴谱谱宽明显大于层状云降水。与层状云降水相比,对流云降水在所有直径档的雨滴数浓度均较高,且随着雨滴直径增大,两类降水云谱分布曲线的间距逐渐变宽,表明对流云降水的大中型雨滴数浓度明显增大。对两类降水云的 Gamma 分布拟合结果为

$$层状云 \quad N(D)=7127.37D \times 1.834\exp(-3.90D)$$
$$对流云 \quad N(D)=2146.74D \times 1.234\exp(-2.13D)$$

如图 3.32 所示,两类降水云拟合的 Gamma 谱分布与实际的雨滴谱分布较为接近,但在小雨滴区间内略微低估,在大雨滴区间内略微高估。

图 3.33 显示了整个数据集及层状云降水和对流云降水的 D_m 和 $\log_{10}N_w$ 的频率分布直方图。此外,图中还给出了 3 个关键的统计参数,包括平均值、标准差及偏斜度。如图 3.33a

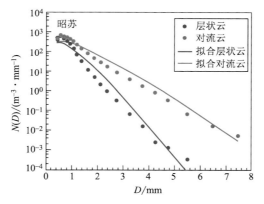

图 3.32　层状云（蓝色）和对流云（红色）降水的
实际雨滴谱与 Gamma 拟合分布

所示,对于整个数据集而言,D_m 和 $\log_{10} N_w$ 的平均值分别为 1.13 mm 和 3.53,与在中国华北地区计算得到的 D_m 和 $\log_{10} N_w$ 的平均值较为接近。将降水划分为层状云降水和对流云降水时可以发现,两类降水云系的 D_m 和 $\log_{10} N_w$ 分布特征差别较为显著(图 3.33b 和图 3.33c)。层状云降水和对流云降水 D_m 和 $\log_{10} N_w$ 的平均值分别为 1.10(1.99)mm 和 3.66(3.35)。与层状云降水相比,对流云降水具有更大的质量加权平均直径 D_m 和更小的标准化截断参数 $\log_{10} N_w$。通过分析标准差可知,层状云降水的 D_m 和 $\log_{10} N_w$ 分布较为集中,对流云降水的 D_m 和 $\log_{10} N_w$ 分布则较为分散。两类降水的 D_m 分布和 $\log_{10} N_w$ 分布均表现出较大的正偏度和较小的负偏度,但对流云降水的 D_m 分布倾向于向大值偏移,而 $\log_{10} N_w$ 分布倾向于向小值偏移。从这里可以看出,昭苏地区的层状云降水由较高浓度的小雨滴组成,而对流云降水则由较低浓度的中雨滴和大雨滴组成。

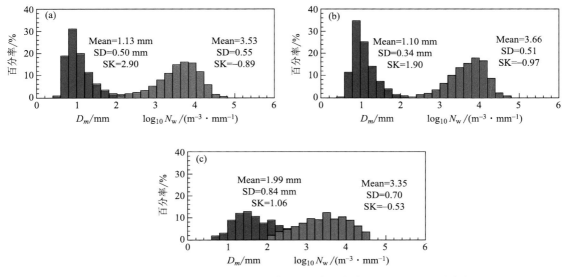

图 3.33　D_m（蓝色）和 $\log_{10} N_w$（红色）的频率分布直方图及相关统计参数
［平均值（Mean）、标准差（SD）和偏度（SK）］
（a）总数据集；（b）层状云；（c）对流云

作为两个独立的微物理参量,质量加权平均直径 D_m 和标准化截断参数 $\log_{10} N_w$ 不仅可以用来表示雨滴的大小和浓度,还可以反映降水的形成及演变机制。图 3.34 给出了层状云和对流云降水 D_m-$\log_{10} N_w$ 的散点图及中国其他地区的统计结果。如图所示,昭苏地区层状云降水 D_m-$\log_{10} N_w$ 的散点分布较为集中,而对流云降水的散点分布较为分散。尽管两类降水云系的散点有部分重叠,但二者之间的界限相当明确。对于层状云降水而言,大多数散点分布在 Bringi 等(2003)提出的层状云降水分界线左侧,且 D_m 平均值较小,$\log_{10} N_w$ 平均值较大,这意味着昭苏地区的层状云降水主要是由微小的霰粒子或冰晶融化而产生。对于对流性降水而言,昭苏地区的对流云滴谱更倾向于粒子浓度较低但粒子直径较大的大陆性对流簇,表明昭苏地区的对流云中雨滴的碰撞-聚并和破碎等暖雨过程会被抑制,导致雨滴数浓度变小。通过与中国其他地区的观测结果对比可知,昭苏层状云降水和对流云降水 D_m-$\log_{10} N_w$ 的平均值与青藏高原中部的观测值较为相近,但 D_m 值明显小于北京山区。

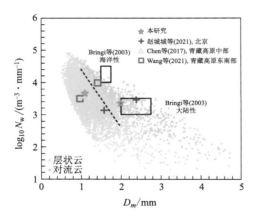

图 3.34　层状云(浅蓝色)和对流云(浅粉色)降水 D_m-$\log_{10} N_w$ 的散点图[两个黑色矩形框为 Bringi 等(2003)提出的海洋性和大陆性对流簇,黑色虚线为 Bringi 等(2003)提出的层状云降水分界线,星形、十字、三角形和正方形分别代表本研究及在中国其他地区计算得出的 D_m-$\log_{10} N_w$ 的平均值]

云和降水的发展演变本质上是雨滴谱的变化,准确描述雨滴谱分布是改进数值模式中云微物理参数化方案的关键。为了减小采样误差的影响,本书采用 Zhang 等(2006)提出的数据筛选标准,选取雨滴数>1000 的对流云降水样本分析昭苏地区的 μ-Λ 关系。图 3.35 为对流云降水的 μ-Λ 散点图及使用最小二乘法计算得到的拟合曲线,昭苏地区的对流云降水可描述为

$$\Lambda = 0.024\mu^2 + 0.8077\mu + 2.095$$

由图 3.35 可见,同样是山区降水,但不同地区的 μ-Λ 关系差别较大。对于给定的 Λ,北京山区对流云降水对应更大的 μ 值,其次是昭苏,安徽黄山的 μ 值明显较小,这表明昭苏地区对流云降水的粒子尺度要小于北京山区,但大于安徽黄山。

天气雷达估算降水强度的误差来源主要是降水对雷达电磁波的衰减、地物回波等,而降低估测误差一直是天气雷达预报降水的重点和难点。我国业务气象雷达内置的 Z-R 关系使用的是美国 NEXRAD 雷达默认使用的代表夏季对流云降水的经典关系,该关系估测的 R 值往往偏大,会导致降雨量的高估,因此建立适合于昭苏地区降雨特性的 Z-R 关系变得至关重要。

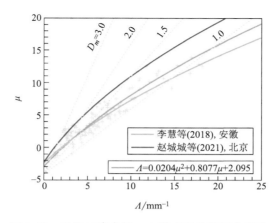

图 3.35　对流云降水的 μ-Λ 散点图及其拟合曲线

图 3.36 给出了昭苏地区层状云和对流云降水的 Z-R 散点图及其拟合曲线,层状云降水和对流云降水的 Z-R 关系分别为 $Z=128.50R^{1.74}$ 和 $Z=103.15R^{1.85}$。作为参考,图中还叠加了代表夏季对流云降水的经典关系 $Z=300R^{1.40}$ 和中纬度地区层状云降水的经典关系 $Z=200R^{1.60}$。如图 3.36a 所示,昭苏地区层状云降水的拟合曲线与中纬度地区层状云降水的拟合曲线基本重合,两者对降雨量的估测差别不大。而昭苏地区对流云降水的拟合曲线与夏季对流云降水的经典关系 $Z=300R^{1.40}$ 在雨强较大时表现出明显的差异(图 3.36b),当雨强 $R>10\ \mathrm{mm\cdot h^{-1}}$ 时,昭苏对流云降水的拟合曲线位于经典关系的上方,表明对于给定的雷达反射率因子 Z,经典 Z-R 关系对降雨量有明显的高估,使用默认的业务雷达内置关系可能会增大降水估测的不确定性。

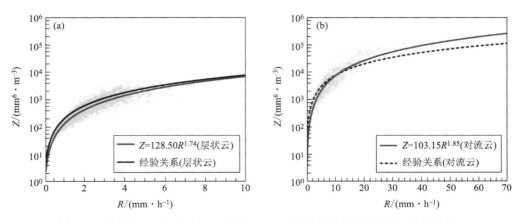

图 3.36　层状云(a)和对流云(b)降水的 Z-R 散点图及其拟合曲线(蓝色实线)
(黑色实线为中纬度地区层状云降水的经典 Z-R 关系,黑色虚线为美国 NEXRAD
雷达默认使用的代表夏季对流云降水的经典 Z-R 关系)

3.3.2　尼勒克和乌鲁木齐降水雨滴谱观测特征

为了进一步揭示天山不同地区的雨滴谱特征差异,我们选取了乌鲁木齐和尼勒克进行对比研究。乌鲁木齐(海拔 935 m)位于中国天山中部,而尼勒克(海拔 1105 m)则位于天山西部。这两个地点位于几乎相同的纬度,高度差别不大,这有助于进行比较研究。最终,经过质量控制,2018—2020 年的夏季,乌鲁木齐和尼勒克分别有 5219 个和 9045 个 1 min 有效 DSD 样本。质量控制过程和所有计算公式已在 3.1 节中详细列出,此处不再赘述。

3.3.2.1　总体结果

图 3.37 显示了乌鲁木齐和尼勒克夏季平均雨滴浓度 $N(D_i)$ 随雨滴尺寸的变化,分别以红色和蓝色曲线显示。根据先前的研究 1～3 mm 被视为中等尺寸的雨滴,低于和高于该范围的雨滴分别被视为小雨滴和大雨滴。图 3.37 显示,与乌鲁木齐相比,尼勒克的中、大雨滴浓度更高,而小雨滴浓度则相反。尼勒克的降雨比乌鲁木齐的降雨具有更高的平均 R、D_m 和更低的 $\log_{10}N_w$。尼勒克小液滴浓度较低,中、大液滴浓度较高,导致尼勒克的 D_m 值高于乌鲁木齐。

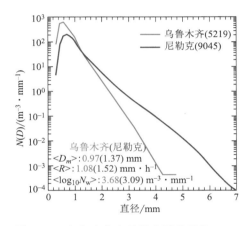

图 3.37　乌鲁木齐和尼勒克夏季平均 DSD

3.3.2.2　不同降雨率等级的 DSD

为了进一步确定乌鲁木齐和尼勒克之间的 DSD 差异,在 R 的基础上,将两个地区收集的 DSD 观测分为以下 6 个降雨率等级:C1:0.1～0.5 mm·h^{-1},C2:0.5～1 mm·h^{-1},C3:1～2 mm·h^{-1},C4:2～5 mm·h^{-1},C5:5～10 mm·h^{-1},C6:≥10 mm·h^{-1}。图 3.38 显示了两个地区 6 种降雨率等级的平均雨滴谱。前两个降雨率类别(图 3.38a,b;C1:0.1～0.5 mm·h^{-1},C2:0.5～1 mm·h^{-1}),中、大雨滴浓度尼勒克高于乌鲁木齐。对于中间两个降雨率等级(C3:1～2 mm·h^{-1},C4:2～5 mm·h^{-1}),C3 和 C4 中直径分别大于 1.3 mm 和 1.6 mm 的雨滴浓度在尼勒克高于乌鲁木齐。此外,对于最后两个降雨率等级(图 3.38e,f;C5:5～10 mm·h^{-1},C6:≥10 mm·h^{-1}),直径大于 2.1 mm 和 2.3 mm 的雨滴在尼勒克的浓度也高于乌鲁木齐的浓度。图 3.38 清楚地显示,即使在将 DSD 划分为不同的降雨率等级后,尼勒克的中型和大型雨滴浓度比乌鲁木齐更高。

为了便于比较 6 个降雨率等级 DSD,乌鲁木齐和尼勒克 C1—C6 的平均 DSD 分别叠加在同一图上,结果如图 3.39 所示,结果表明乌鲁木齐和尼勒克的所有 DSD 具有明显的峰值结构,中、大雨滴的分布谱宽度和浓度均随降雨率的增加而增加。

图 3.40 显示了对应于不同降雨率等级的 D_m 和 $\log_{10}N_w$ 变化的箱线图。在这两个区域,

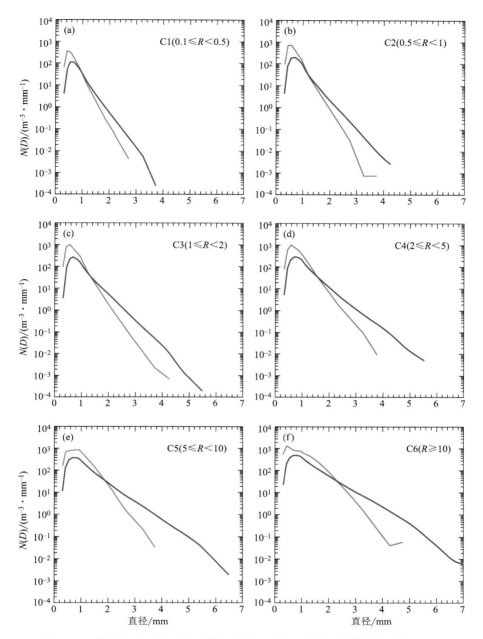

图 3.38 乌鲁木齐(红色)和尼勒克(蓝色)对应 6 个降雨率等级的平均 DSD

D_m 随降雨率等级增加而增加(图 3.40a),这是由于伴随着更大的降雨率出现,中和大雨滴增加。尼勒克的 D_m 值高于乌鲁木齐,这是由于中雨滴和大雨滴的浓度较高。乌鲁木齐的平均 D_m 值介于 0.88 mm 和 1.61 mm 之间,尼勒克的平均 D_m 值介于 1.10 mm 和 2.38 mm 之间。与 D_m 相反,乌鲁木齐的 $\log_{10} N_w$ 值高于尼勒克(图 3.40b)。乌鲁木齐的平均 $\log_{10} N_w$ 值从 3.46 $\mathrm{m^{-3} \cdot mm^{-1}}$ 至 4.02 $\mathrm{m^{-3} \cdot mm^{-1}}$ 变化,尼勒克则从 2.98 $\mathrm{m^{-3} \cdot mm^{-1}}$ 至 3.26 $\mathrm{m^{-3} \cdot mm^{-1}}$ 变化。

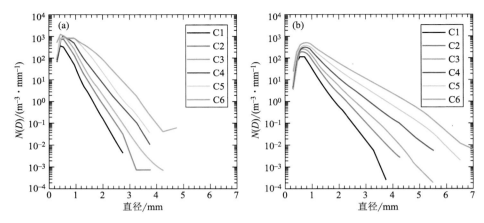

图 3.39　乌鲁木齐(a)和尼勒克(b)的平均 DSD,分别对应于 6 个降雨率等级

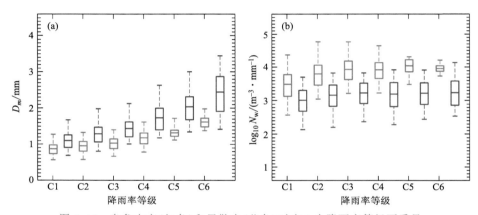

图 3.40　乌鲁木齐(红色)和尼勒克(蓝色)对应 6 个降雨率等级下质量
加权平均直径(a)和归一化截距参数(b)的变化

3.3.2.3　层状云和对流云降雨的 DSD

层状云降水和对流云降水是自然界中两种基本类型的降水,具有不同的降水形成的物理机制,两种降雨类型的 DSD 特征显著不同,为了将降雨分为层状云降雨和对流云降雨,许多研究人员制定了不同的分类方案。在本研究中,参考了 Bringi 等(2003)和 Chen 等(2013)提出的分类标准。具体而言,对于至少 10 个连续 1 min 的降雨样本,如果 $R>0.5$ mm·h^{-1},且 R 的标准偏差 >1.5 mm·h^{-1} 则确定降雨为层状云降雨,如果 $R\geqslant 5$ mm·h^{-1},且 R 的标准偏差 >1.5 mm·h^{-1} 则为对流云降雨。不符合上述分类标准的样品删除。

乌鲁木齐和尼勒克的层状云和对流云降水的 DSD 变化如图 3.41 所示。在这两个地区,与层状云降水相比,对流云降水的雨滴浓度相对较高,所有大小的雨滴都是如此(图 3.41a、b)。在乌鲁木齐和尼勒克,层状云降雨 DSD 几乎呈指数分布,而对流云降雨 DSD 表现出宽广的分布,这可能至少部分归因于对流云降水中的大雨滴的碰撞破碎。为了进一步比较给定降雨类型下乌鲁木齐和尼勒克的雨滴浓度,图 3.41c 和图 3.41d 分别给出了两个地区的层状云和对流云降雨的 DSD。结果显示,对于层状云降雨,尼勒克的直径大于 1.4 mm 的雨滴比乌鲁木齐的多,而对于对流云降雨,尼勒克的直径小于 2.4 mm 的雨滴的浓度高于乌鲁木齐。

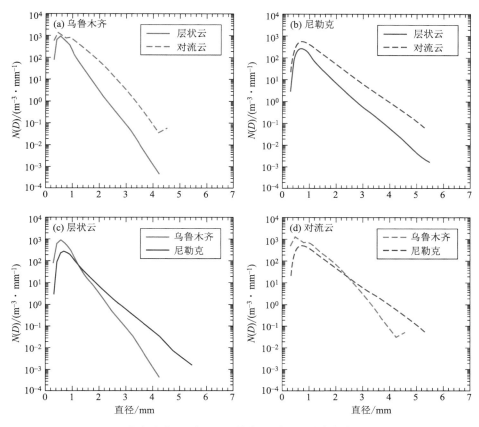

图 3.41　乌鲁木齐(红色)和尼勒克(蓝色)不同降水类型的 DSD

　　为了进一步探索乌鲁木齐和尼勒克层状云和对流云降水的 DSD 特征,并将结果与之前的研究进行比较,平均 D_m 和 $\log_{10} N_w$ 的分布如图 3.42 所示。图 3.42 中的灰色矩形表示大陆和海洋对流云降雨簇,灰色虚线表示 Bringi 等(2003)提出的层状云降雨线。对于这两个地区的降雨,对流云降雨的平均 D_m 和 $\log_{10} N_w$ 值都高于层状云降雨。相比之下,尼勒克的层状云降水和对流云降水的 D_m 值都比乌鲁木齐的高,$\log_{10} N_w$ 值都比乌鲁木齐低。将本研究的结果与 Bringi 等(2003)关于对流云降雨的研究结果进行比较,发现乌鲁木齐对流云降雨的 DSD 与海洋性对流的 DSD 更为相似,而尼勒克对流云降雨的 DSD 与大陆性对流的 DSD 更为相似。上述结果表明,Bringi 等(2003)提出的大陆性和海洋性对流云降水分类方法可能并不总是适用于中国天山地区的对流云降水分类,因为其分类方法主要基于北美、澳大利亚和太平洋地区的降水。

　　此外,对于这两个地区的层状云降雨,平均 D_m 和 $\log_{10} N_w$ 出现在 Bringi 等(2003)提出的层状云降雨线的左侧。Bringi 等(2003)提出了两种不同的微物理过程,可导致层状云降水中的 D_m 和 $\log_{10} N_w$ 变化,即,导致较大 D_m 和较小 $\log_{10} N_w$ 值的大雪花融化,以及导致较小 D_m 和较大 $\log_{10} N_w$ 值的小霰粒子或较小的冰晶融化。如图 3.42 所示,乌鲁木齐层状云降水的 D_m 和 $\log_{10} N_w$ 值比尼勒克的小,这意味着乌鲁木齐的层状云降水与小霰粒子或较小的冰晶有关,而尼勒克则与大雪花的融化有关。

图 3.42 还提供了中国其他地区的观测结果,用以揭示中国季风区和干旱地区 DSD 参数的差异。与中国东部的南京、中国南部的珠海和中国北部的北京相比,尼勒克的 DSD 显示出较小的 $\log_{10} N_w$ 值,而尼勒克的 D_m 值大于北京和南京,小于珠海。乌鲁木齐 DSD 的 D_m 值小于上述四个地区,而乌鲁木齐的 $\log_{10} N_w$ 值大于其他四个地区,珠海的对流云降水除外。上述结果适用于层状云降水和对流云降水,表明中国季风区和干旱区的 DSD 特征不同。

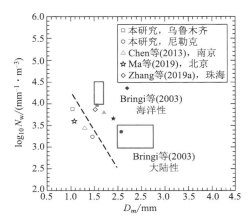

图 3.42 对流降雨和层状云降雨的平均质量加权平均直径和归一化
截距参数的散点图,其中空心(实心)符号对应于层状云(对流云)降雨

3.3.2.4 D_m-R 和 $\log_{10} N_w$-R 关系

图 3.43 显示了乌鲁木齐和尼勒克不同降雨率下的 D_m 和 $\log_{10} N_w$ 散点图。乌鲁木齐的 D_m 值分布在 0.4～2 mm 的范围内,少数点的值在 2～2.4 mm(图 3.43a),而尼勒克的 D_m 分布在 0.4～3.5 mm,少数点的值在 3.5～4 mm(图 3.43b)。此外,随着两个地区降雨率的增加,D_m 分布变窄,其变化趋于平缓,这可能是由于在较高降雨率下,雨滴碰并和破碎达到了平衡状态。乌鲁木齐的 $\log_{10} N_w$ 主要分布在 2～5.1 m^{-3}·mm^{-1},而尼勒克的 $\log_{10} N_w$ 主要分布在 1.4～4.5 m^{-3}·mm^{-1}。针对 D_m-R 和 $\log_{10} N_w$-R 关系导出的幂律拟合公式也如图 3.43 所示。比较两个地区的 D_m-R 关系,尼勒克的系数和指数值高于乌鲁木齐。然而,对于 $\log_{10} N_w$-R 关系,尼勒克的系数值低于乌鲁木齐。这表明,在给定的降雨率下,尼勒克的降水 D_m 值比乌鲁木齐的高,$\log_{10} N_w$ 值低。此外,与 Janapati 等(2021)在台湾观察到的台风和非台风降雨的 DSD 研究结果相比,尼勒克的 D_m-R 关系中出现了较大的系数和指数值,但在台湾的两种降雨类型中没有出现。对于 $\log_{10} N_w$-R 关系,乌鲁木齐的系数值比台湾的两种降雨类型大,尼勒克的系数值比台湾的两种降雨类型小。从我们的研究与金祺等(2015)报道的江淮流域的两种关系的比较中可以看出,尼勒克与江淮流域存在显著差异,而乌鲁木齐与江淮流域接近。

3.3.2.5 Z-R 关系

Z-R 关系在雷达定量降水估测中起着重要作用,这在很大程度上取决于与气候区、地形、季节和降雨类型相关的 DSD 的可变性。在 Z-R 关系中,系数 A 与大液滴或小液滴的构成有关,指数 b 与微物理过程有关。当 b 大于 1 时,碰撞-聚结机制在降雨中起主导作用,而当 b 接

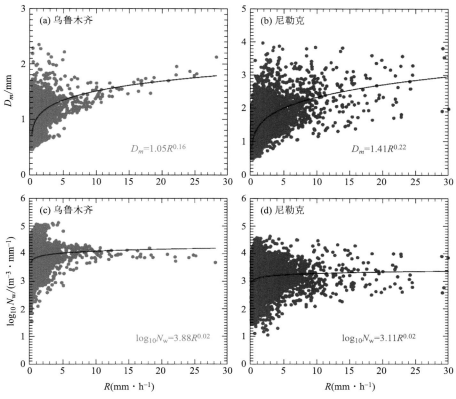

图 3.43 乌鲁木齐和尼勒克降雨的质量加权平均直径和归一化
截距参数随降雨率变化的散点图及相应拟合关系

近 1 时,碰撞-聚结过程和破碎过程在平稳降雨中达到平衡。乌鲁木齐和尼勒克收集的对流云降水样本数量不足,而且高度分散,这使得很难拟合出合适的幂律关系。因此,这里我们主要关注两个地区普遍存在的层状云降雨的 $Z\text{-}R$ 关系。Marshall 等(1948)提出的 $Z\text{-}R$ 关系在中纬度大陆地区通常用于层状云降雨(以下称为 MP 层状云关系)。图 3.44 显示了 Z 与 R 的散点图以及两个地区层状云降水的拟合关系。如图 3.44 所示,尼勒克层状云降雨的 $Z\text{-}R$

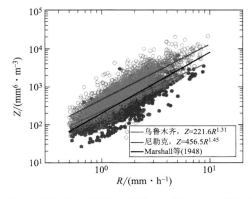

图 3.44 乌鲁木齐(紫色实心圆圈)和尼勒克(绿色空心圆圈)层状云降水的
雷达反射率因子和降雨强度散点图及相应拟合关系

关系的系数和指数值高于乌鲁木齐。也给出了 MP 层状云关系用于比较。对于较低的 Z（$Z < 352.18 \text{ mm}^6 \cdot \text{m}^{-3}$），则 MP 层状云关系将高估乌鲁木齐的降水量。当 Z 较高时，情况正好相反。对于尼勒克的层状云降雨，MP 层状云关系将导致对尼勒克降雨量的高估。换言之，乌鲁木齐和尼勒克的层状云降水存在明显差异，在这两个地区应谨慎使用 MP 层状云关系。

3.3.2.6 结论

在本研究中，我们使用 OTT-Pasivel^2 收集的 2018—2020 年夏季的 DSD 数据调查了中国天山地区的 DSD 特征。对中国天山两个不同地区（乌鲁木齐和尼勒克）的夏季 DSD 特征进行了分析。本研究的主要结论如下。

（1）与乌鲁木齐相比，尼勒克的降雨过程中雨滴和大雨滴浓度较高。对于小雨滴的浓度来说，情况正好相反。这可能是由于尼勒克的对流强度比乌鲁木齐强。

（2）DSD 被分为 6 个降雨率等级以及层状云和对流云降水。结果表明，与乌鲁木齐相比，尼勒克的大雨滴浓度较高，小雨滴浓度较低。对于所有降雨率等级和降雨类型，尼勒克较乌鲁木齐有更大的质量加权平均直径（D_m）和更小的归一化截距参数（$\log_{10} N_w$）。

（3）与 Bringi 等（2003）提出的对流云降雨簇相比，乌鲁木齐的对流云降雨 DSD 与海洋性对流云降雨簇更为相似，而尼勒克的对流云降雨 DSD 可归类为大陆性对流云降雨。此外，还将中国不同地区（中国东部、南部和北部）的 D_m 和 $\log_{10} N_w$ 与我们研究的干旱地区进行了比较。我们发现，DSD 与气候条件、降雨类型和地形密切相关。

（4）与乌鲁木齐相比，尼勒克层状云降水的 Z-R 关系具有较高的系数 A 和指数 b 值。对于乌鲁木齐的层状云降水，MP 层状云关系会高估低雷达反射率值时的降水量，而低估高雷达反射率时的降水。

3.4 不同垂直高度降水雨滴谱观测特征

3.4.1 资料及处理

研究个例为 2019 年 9 月 30 日 04:30—12:30 伊宁地区的一次降水过程。使用了 MRR、OTT-Pasivel^2 雨滴谱仪及翻斗式雨量计（RS）的观测资料，3 种仪器均布设在伊宁站，相互间隔不超过 25 m。MRR 垂直方向共 31 个高度梯度，试验选取的高度分辨率为 35 m，最高观测高度为 1085 m，时间分辨率为 1 min，可以测量的液滴尺寸为 0.2～6 mm，通过获取的多普勒功率谱，并利用降水粒子下落速度与直径的经验公式，反演不同高度的雨强 R_i（$\text{mm} \cdot \text{h}^{-1}$）、液态水含量 LWC（$\text{g} \cdot \text{m}^{-3}$）、雷达反射率因子 Z（dBZ）和粒子下降速度 W（$\text{m} \cdot \text{s}^{-1}$），MRR 主要参数如表 3.10 所示。OTT-Pasivel^2 雨滴谱仪是基于激光系统测量降水粒子的尺度和速度，试验选取的时间分辨率为 1 min，可测量的液滴尺寸为 0.2～8 mm，通过降水粒子对激光遮挡计算粒子直径与下降速度，以及反演雨强 R_i 和雷达反射率因子 Z 等参数。

表 3.10　MRR 主要参数

参数	参数值及规格	参数	参数值及规格	参数	参数值及规格
雷达系统	FMCW	天线直径/cm	60	时间分辨率/s	10～3600
工作频率/GHz	24.1	光束宽度/°	2	高度层数	31
发射功率/(m·W)	50	空间分辨率/m	30～200	速度谱分辨率/(m·s^{-1})	0.191

3.4.2　降水概况

2019 年 9 月 28 日 08:00,500 hPa 高度场(图略)上,欧亚范围中高纬地区为"两脊一槽"的环流形势,欧洲和贝加尔湖为高压脊区,西西伯利亚为低槽活动区。随着欧洲脊发展,脊前北风带建立,并引导冷空气南下,西西伯利亚低槽向南加深,与中纬度短波槽叠加,槽底伸至 40°N 附近;29 日夜间,受极地不稳定小槽入侵,欧洲脊向东南方向衰退,并推动西西伯利亚低槽、强锋区东移南下,降水临近前 30 日 02:00(图 3.45),伊宁地区逐渐受东移低槽前部西南气流影响,随后 04:30 开始出现降雨过程。

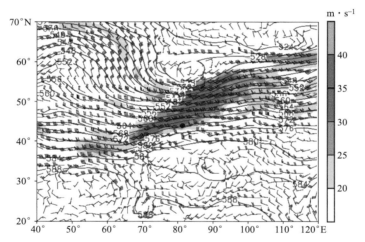

图 3.45　2019 年 9 月 30 日 02:00 500 hPa 位势高度场(蓝色实线,单位:dagpm)、
急流(彩色阴影,单位:m·s^{-1})分布(黑点代表伊宁站)

新疆干旱半干旱气候背景特殊,降水量级标准与中国大部地区有所不同。新疆降水量级业务标准:12.0 mm≤R(日降水量)<24.0 mm 为大雨,R≥24.0 mm 为暴雨,结合表 3.11 降水概况,此次降水为一次大雨过程。

表 3.11　2019 年 9 月 30 日降水过程参数统计

降水时间	累计雨量/mm	样本数	雨强/(mm·h^{-1})		
			平均值	最大值	均方差
04:30—12:30	16.7	481	2.05	7.67	1.46

3.4.3　两种仪器观测结果对比

将 MRR 近地面高度层(35 m、70 m、105 m)的降水量与 OTT-Pasivel^2 雨滴谱仪、RG 的

小时雨量进行比对,发现 3 种仪器对此次降水过程的雨量观测结果具有较好的一致性,但在部分时段表现略有差异(图 3.46)。相对于雨量计,雨滴谱仪除了 04:30—05:30 时段的降水量高于雨量计外,其他时段均低于雨量计,这与雨量计本身对弱降水探测性能不敏感有关。从 MRR 的观测结果来看,在 08:30—11:30 时段 3 个高度层的小时雨量均明显增大,但 3 个高度层的降水量存在一定差异,这是因为 MRR 是以假定大气垂直速度为零的环境条件来反演雨滴谱微物理量的,当降水强度增大时实际大气的下沉风会增大雨滴的下落速度,导致 MRR 高估了雨滴大小及散射截面,从而影响雨滴谱各微物理量反演的准确性。MRR 70 m、105 m 高度的降水量相近,整体高于其他仪器,而 35 m 高度的降水量明显低于其他 2 个高度层,在降雨初期 04:30—05:30 时段甚至低于雨量筒的观测值,造成这一现象的原因可能是 MRR 35 m 探测结果受近地面影响较大。

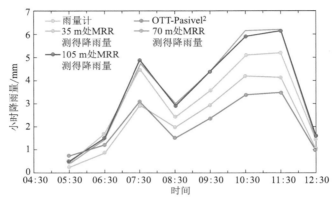

图 3.46　2019 年 9 月 30 日 04:30—12:30 伊宁地区微雨雷达不同高度与 OTT-Pasivel^2 雨滴谱仪、雨量计小时雨量变化

为进一步验证微雨雷达数据的可靠性,对降水期间 MRR 3 个高度层的雨强与 OTT-Pasivel^2 雨滴谱仪的雨强进行线性拟合(图 3.47)。可以看出,整体上 MRR 各高度层观测的雨强高于地面 OTT-Pasivel^2 雨滴谱仪,尤其是 70 m、105 m 高度层。从敛散程度来看,当雨强低于 3 mm·h^{-1} 时,MRR 各高度层雨强与 OTT-Pasivel^2 雨滴谱仪观测值的散点更加聚合,而当雨强高于 5 mm·h^{-1} 时,2 种仪器观测的雨强值更加离散。从线性拟合来看,MRR 各高度雨强与 OTT-Pasivel^2 雨滴谱仪观测值均具有较好的相关性,决定系数分别为 0.9233、0.9289 和 0.9186。

3.4.4　降水过程微物理量的时空演变

图 3.48 是 2019 年 9 月 30 日 04:30—12:30 伊宁地区 MRR 反演的雷达反射率因子 Z、液态水含量 LWC、雨强 R_i、雨滴下落速度 W 随时间-高度剖面以及地面 OTT-Pasivel^2 雨滴谱仪反演的雨强随时间变化。根据地面 OTT-Pasivel^2 雨滴谱仪反演的雨强,将降水划分为低、中、高 3 个雨强阶段,分别对应 $R_i \leq 2$ mm·h^{-1}、$2 < R_i \leq 4$ mm·h^{-1} 和 $R_i > 4$ mm·h^{-1}。

低雨强阶段分别出现于降水初期(04:30—06:31)、中期(07:43—08:20、08:37—08:49)和末期(11:41—12:30),其中降水初期 Z、LWC、R_i 分别平均为 21.73 dBZ、0.07 g·m^{-3}、0.99 mm·h^{-1},变化范围分别在 19.40～21.85 dBZ、0.07～0.08 g·m^{-3}、0.93～1.07 mm·h^{-1},

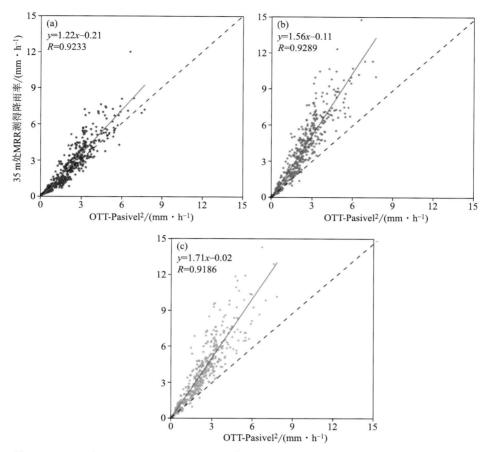

图 3.47　2019 年 9 月 30 日 04:30—12:30 伊宁地区微雨雷达 35 m(a)、70 m(b)和 105 m
(c)高度层的雨强与 OTT-Pasivel² 雨滴谱仪的雨强散点分布及拟合(红线)

且 3 个物理量均随高度降低而减小,表明在相对湿度较低的环境下,越靠近地面蒸发作用越明显,雨滴在下落过程中不断蒸发;降水末期的 Z、LWC、R_i 值较初期略低,均值分别为 20.51 dBZ、0.06 g·m^{-3}、0.96 mm·h^{-1},变化范围分别在 19.38～21.51 dBZ、0.06～0.07 g·m^{-3}、0.61～1.01 mm·h^{-1},随着强降水降落,雨区上空缺乏持续的水汽和动力供应,垂直高度上降水不断减弱,加之受蒸发影响较小,LWC 和 Z 在垂直方向上没有明显变化;降水中期的 Z、LWC、R_i 值明显高于其他 2 个阶段,均值分别为 24.92 dBZ、0.11 g·m^{-3}、1.54 mm·h^{-1},该阶段虽降水较弱,但环境湿度较大、蒸发较小,Z、LWC、R_i 随高度变化很小。需要注意的是,降水初期、末期 W 都随高度降低而增大,分别在 4.38～4.71 m·s^{-1}、4.79～5.33 m·s^{-1} 变化,但中期 W 却随高度降低而减小,在 5.45～5.83 m·s^{-1} 之间变化。

中雨强阶段,对应于 06:59—07:30、08:21—08:36、08:50—10:14、11:06—11:37 时段,4 个时段内 Z、LWC、R_i、W 的均值分别为 31.74 dBZ、0.24 g·m^{-3}、4.02 mm·h^{-1}、6.29 m·s^{-1},Z、LWC、R_i 值在 70～1050 m 高度分别为 30.82～33.38 dBZ、0.21～0.30 g·m^{-3}、3.49～4.99 mm·h^{-1},且随高度降低而增大,最大值均出现在 70 m 高度层,这与雨滴在近地面高度层发生碰并增长有关,而 W 随高度变化不明显,在 6.21～6.39 m·s^{-1} 波动。

中国天山云和降水物理观测特征

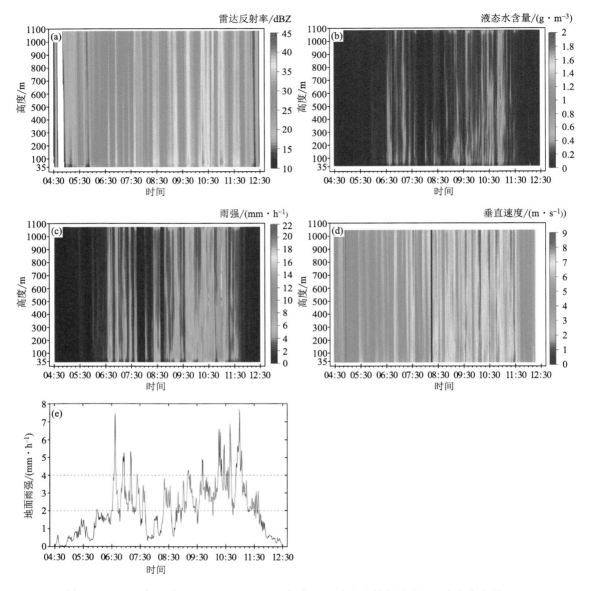

图 3.48 2019 年 9 月 30 日 04：30—12：30 伊宁地区雷达反射率因子（a）、液态水含量（b）、雨强（c）、雨滴下落速度（d）的时间-高度剖面，以及地面雨强（e）逐分钟演变

高雨强阶段，对应于 06：37—06：40、06：55—06：58、07：11—07：13、10：15—10：22、10：39—10：42、10：53—11：05 这 6 个时段，Z、LWC、R_i、W 的均值分别为 35.90 dBZ、0.45 g·m^{-3}、7.67 mm·h^{-1}、7.02 m·s^{-1}，且 Z 随高度降低而增大，当雨强增大时，雨滴下落过程的碰并作用显著，在 10：17、10：57 和 10：59 对应的 70 m、105 m、140 m 高度层 Z 值均高于 40 dBZ；伴随着较强的雷达回波，LWC 和 R_i 波动范围较大，分别为 0.32～0.63 g·m^{-3} 和 5.92～8.79 mm·h^{-1}，且在 450 m 以下随高度降低而增大，而 W 随高度变化不大，其值在 6.81～7.29 m·s^{-1} 波动。

综上所述,不同雨强阶段降水微物理量在垂直分布上有所差异。低雨强阶段,降水初期受蒸发影响较大,Z、LWC、R_i 都随高度降低而减小;中期,虽然降水较弱但环境湿度较大,Z、LWC、R_i 随高度变化不大;末期,由于空中缺乏持续的水汽和动力供应,R_i 随高度降低而减小。中雨强阶段,受雨滴碰并增长的影响,Z、LWC、R_i 在 70～1050 m 高度范围随高度降低而增大,而 W 随高度变化不大。高雨强阶段,近地面层受雨滴碰并增长作用显著,在 70 m、105 m、140 m 高度层出现 40 dBZ 以上较强的雷达回波,LWC、R_i 随高度降低而增大,而 W 变化不大。

　　为进一步探究此次降水过程不同雨强阶段降水微物理量特征的差异,对 3 个阶段微物理量的平均值垂直分布(图 3.49)进行对比分析。总体来看,不同高度上各微物理量平均值随雨

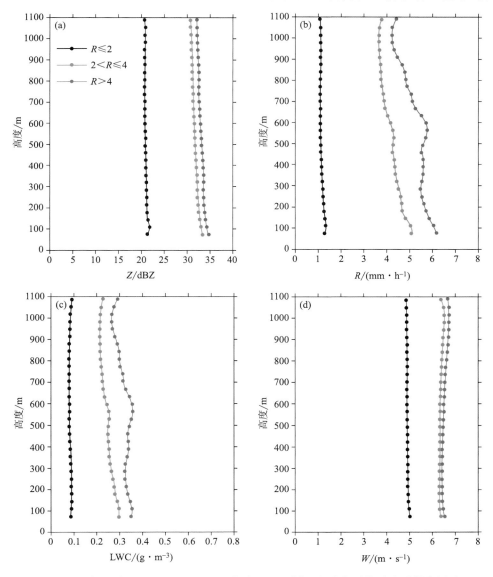

图 3.49　2019 年 9 月 30 日 04:30—12:30 伊宁地区不同雨强阶段平均雷达反射率因子(a)、雨强(b)、液态水含量(c)和雨滴下落速度(d)的垂直分布

强的增强而增大。从图 3.49a 和图 3.49b 看出,中、高雨强阶段 Z、R_i 在垂直分布上相对于低雨强阶段波动较大,且 Z 和 R_i 基本随高度降低而增大,Z 值分别由 30.88 dBZ、32.2 dBZ 增加到 33.38 dBZ、34.86 dBZ,R_i 分别由 3.61 mm·h^{-1}、4.56 mm·h^{-1} 增加到 4.93 mm·h^{-1}、6.37 mm·h^{-1};低雨强阶段,在 105 m 高度以上 Z、R_i 随高度降低有所增大,分别由 20.77 dBZ、1.11 mm·h^{-1} 增加到 21.95 dBZ、1.31 mm·h^{-1},在 105 m 高度以下,近地面层受蒸发作用明显,使得低雨强阶段并没有像其他两个阶段 Z 和 R_i 随高度降低而增大。低雨强阶段 LWC 随高度变化不明显,而中、高雨强阶段 LWC 随高度降低有一定的增大,分别从 0.22 g·m^{-3}、0.28 g·m^{-3} 增加到 0.30 g·m^{-3}、0.35 g·m^{-3}(图 3.49c)。3 个雨强阶段 W 都随高度变化不明显(图 3.49d),这与本书 MRR 设置的空间分辨率为 35 m,最高测量高度为 1085 m 有关,该高度一般低于降水时云的高度,使得观测的雨滴没有因相态转换而导致 W 变化。

3.4.5 雨滴对数浓度和雨强贡献率的垂直分布

为揭示不同尺度雨滴在不同雨强阶段下数浓度百分比及对总雨强的贡献,依照雨滴直径 D,将雨滴分为小雨滴($D \leqslant 1$ mm)、中雨滴(1 mm$< D \leqslant 3$ mm)和大雨滴($D > 3$ mm)。由图 3.50 可见,低雨强阶段,小雨滴平均数浓度占总数浓度的 96.81%,且占比整体上随高度降低而减小,表明小雨滴在低雨强下受蒸发作用明显;中雨滴数浓度仅占总数浓度的 3.17%,但对雨强的贡献率达 61.95%,且在 770 m 高度以下随高度降低贡献率逐渐增大;大雨滴数浓度占比极小,对雨强贡献率仅为 1.72%,且随高度变化不大。

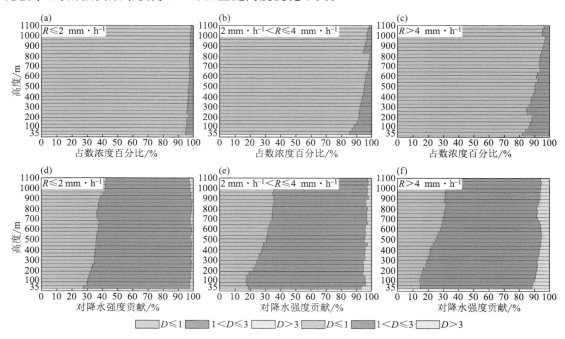

图 3.50 2019 年 9 月 30 日 04:30—12:30 伊宁地区不同尺度雨滴在不同
降水强度下数浓度百分比(a、b、c)及对降水强度(d、e、f)的贡献率
(a)、(d)低雨强;(b)、(e)中雨强;(c)、(f)高雨强

中雨强阶段,小雨滴平均数浓度占总数浓度的 94.61%,且在 805 m 高度以下其数浓度占比随高度降低而减小,变化范围为 85.58%～98.92%,而对总雨强的贡献平均为 29.69%,且在 105 m 高度以上随高度降低而逐渐减小;中雨滴数浓度占比在 805 m 高度以下随着高度升高由 1.13% 增加到 13.69%,对总雨强的贡献最大达 66.36%,且在 105 m 高度以上随高度降低而逐渐增大;大雨滴数浓度占比仍最小,对总雨强的贡献为 3.95%,且随高度变化不大。

高雨强阶段,小雨滴平均数浓度占总数浓度的 90.88%,整体上小雨滴数浓度占比随高度降低而减小,对雨强的贡献为 25.52%,且随高度降低贡献率逐渐增大;中雨滴数浓度占比在近地面层较低、中雨强明显增大,其中 35 m 高度数浓度占比为 17.22%,对雨强贡献最大,平均贡献率达 67.32%,整体上随高度降低贡献率逐渐增大;大雨滴数浓度在多个高度层均有占比,但均不足 1%,对雨强的贡献率平均为 7.17%,在 525 m 高度以下随高度降低贡献率有所增加,其中在 35 m、70 m 高度层的贡献率超过 10%。

3.4.6　小结

(1)MRR 与 OTT-Pasivel^2 雨滴谱仪和雨量计观测的小时雨量具有较好的一致性。当雨强小于 3 mm·h^{-1} 时,MRR 各高度层(35 m、70 m、105 m)的雨强与雨滴谱仪的雨强聚合程度更高,两仪器观测的雨强拟合程度均较好,相关系数分别为 0.9233、0.9289、0.9186。

(2)不同雨强阶段下,MRR 雨滴谱微物理量的垂直分布存在差异。低雨强时,降水初期环境湿度较低,受蒸发作用影响较大,Z、LWC、R_i 随高度降低而减小;降水中期,环境湿度较大,受蒸发作用较小,Z、LWC、R_i 随高度变化不大;降水末期,空中水汽和动力供应不足,R_i 随高度降低减少幅度较弱。另外,低雨强时,降水初、末期 W 随高度降低而增大,而降水中期 W 却随高度降低而减小。中、高雨强阶段,雨滴间碰并作用较大,尤其在高雨强阶段,Z、LWC、R_i 整体上随高度降低而增大,W 随高度变化不大。

(3)伊宁地区此次大雨过程主要以小雨滴为主,各雨强阶段小雨滴平均数浓度占比均在 90% 以上,且基本随高度降低而降低,而中雨滴对雨强的贡献最大,各雨强阶段的贡献率均在 60% 以上,且随高度降低而增大;大雨滴数浓度占比及对雨强的贡献均最小,但随着雨强由低到高,其对雨强的贡献逐渐增加。

本书针对伊宁地区一次大雨过程雨滴谱垂直演变特征进行了分析,但有些结论仅限于现象描述,如在低雨强条件下,降水初、末期 W 随高度降低而增大,而降水中期 W 却随高度降低而减小,这一现象还需要结合其他观测仪器(风廓线雷达、微波辐射计、激光云高仪、二维视频雨滴谱仪、探空等)和更多的降雨个例,从天气动力分析的角度进行分析。

3.5　雨滴谱观测在双偏振雷达定量降水估测中的应用

由雨滴谱得到的 Z-R 关系在单偏振雷达 QPE 中扮演着重要角色,其一般形式为 $Z = a \cdot R^b$,且极大地依赖于雨滴谱的变化,时空差异和不同降雨类型均会导致 Z-R 关系的改变。国内外大量研究已充分说明根据本地的雨滴谱资料得到和修订 Z-R 关系十分必要。随着双偏振雷达技术的发展,利用由雨滴谱信息计算得到的双偏振雷达水平偏振反射率 Z_h、差分反射率 Z_{dr} 和差分相位率 K_{dp} 开展 QPE 变得越来越重要,它们的应用可提高 QPE 的精度。

3.5.1 双偏振雷达偏振参量及 QPE 关系的计算

基于雨滴谱的双偏振雷达 QPE 已经在许多研究中被证实有助于提高 QPE 精度,这些基于雨滴谱的 QPE 关系由双偏振雷达偏振参量所建立,而这些偏振参量可由观测所得的雨滴谱资料基于 T 矩阵散射模拟方法得到。本书所涉及的双偏振雷达偏振参量计算公式为式(3.21)—式(3.23)如下:

$$Z_{h,v} = \left(\frac{4 \cdot \lambda^4}{\pi^4 \cdot |K_w|^2} \right) \cdot \int_{D_{\min}}^{D_{\max}} |f_{hh,vv}(D)|^2 \cdot N(D) \cdot \mathrm{d}D \tag{3.21}$$

$$Z_{dr} = 10 \cdot \log_{10} \left(\frac{Z_h}{Z_v} \right) \tag{3.22}$$

$$K_{dp} = 10^{-3} \cdot \frac{180}{\pi} \cdot \lambda \cdot Re \left\{ \int_{D_{\min}}^{D_{\max}} [f_h(D) - f_v(D)] \cdot N(D) \cdot \mathrm{d}D \right\} \tag{3.23}$$

式中,λ(mm)和 K_w(-)分别代表雷达波长(S 和 X 波段的值分别为 111.0 mm、53.5 mm、33.3 mm)和水的介电常数(这里取 0.9639);$f_{hh,vv}(D)$ 和 $f_{h,v}(D)$ 分别代表水滴水平和垂直偏振方向上后向和前向散射截面;Re 为实传递函数。此外,雨滴的轴比关系参照 Brandes 等 (2002)的文章。

基于雨滴谱的 S 波段、C 波段和 X 波段双偏振雷达 QPE 关系,包括 $R(Z_h)$,$R(K_{dp})$;$R(Z_h, Z_{dr})$,和 $R(K_{dp}, Z_{dr})$ 被式(3.24)—式(3.27)计算:

$$R(Z_h) = \alpha \cdot Z_h^{\beta} \tag{3.24}$$

$$R(K_{dp}) = \alpha \cdot K_{dp}^{\beta} \tag{3.25}$$

$$R(Z_h, Z_{dr}) = \alpha \cdot Z_h^{\beta} \cdot 10^{\gamma \cdot Z_{dr}} \tag{3.26}$$

$$R(K_{dp}, Z_{dr}) = \alpha \cdot K_{dp}^{\beta} \cdot 10^{\gamma \cdot Z_{dr}} \tag{3.27}$$

式中,α,β 和 γ 是对应 QPE 估计器的参数。

3.5.2 双偏振雷达 QPE 关系精度的验证

由包含雨滴谱信息的式(3.3)计算得到的 R 值被用来评估 QPE 估计器的表现。相关系数(CC)、均方根误差(RMSE)和标准化平均绝对误差(NMAE)被用来评价本书中 QPE 算法的准确性,它们的定义如下:

$$\mathrm{CC} = \frac{\sum_{i=1}^{n} (R_i - \overline{R}) \cdot (R_{e,i} - \overline{R_e})}{\sqrt{\sum_{i=1}^{n} (R_i - \overline{R})^2} \cdot \sqrt{\sum_{i=1}^{n} (R_{e,i} - \overline{R_e})^2}} \tag{3.28}$$

$$\mathrm{RMSE} = \sqrt{\frac{1}{n} \cdot \sum_{i=1}^{n} (R_{e,i} - R_i)^2} \tag{3.29}$$

$$\mathrm{NMAE} = \frac{\frac{1}{n} \cdot \sum_{i=1}^{n} |R_{e,i} - R_i|}{\overline{R}} \tag{3.30}$$

式中,n 代表样本数量;R_i 和 $\overline{R}$ 分别是由雨滴谱计算得到的每个样本的 R 和平均的 R;$R_{e,i}$ 和 $\overline{R_e}$ 分别代表由 QPE 估计器得到每个样本的 R 和平均的 R。

3.5.3　天山地区双偏振雷达 QPE 关系

图 3.51 展示了 S 波段、C 波段和 X 波段的 Z_{dr}-Z_h 和 K_{dp}-Z_h 关系的 Z_{dr} 比 Z_h 及 K_{dp} 比 Z_h 的散点和拟合曲线。对于这三个波段的 Z_{dr}-Z_h 关系，系数值从 3.975×10^{-5} 变化到 9.237×10^{-5}，指数值在 2.595 和 2.842 间变化。具体而言，在 S 波段（C 波段）有最小的系数（指数）值和最大的指数（系数）值。对于 S 波段、C 波段和 X 波段的 K_{dp}-Z_h 关系，系数值从 3.433×10^{-13}（X 波段）变化到 9.261×10^{-13}（C 波段），指数值在 7.153（C 波段）和 7.541（X 波段）间变化。由以上结果可知，Z_{dr}-Z_h 和 K_{dp}-Z_h 关系在不同波长雷达中有明显差异，也进一步表明，研究不同波段的双偏振雷达 QPE 算法是十分必要的。

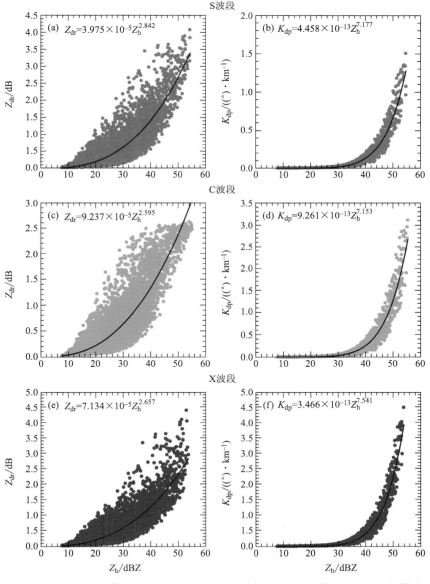

图 3.51　S 波段、C 波段和 X 波段的 Z_{dr}-Z_h 和 K_{dp}-Z_h 关系的 Z_{dr} 比 Z_h 及 K_{dp} 比 Z_h 的散点和拟合曲线

基于天山雨滴谱的 S 波段、C 波段和 X 波段双偏振雷达 QPE 关系 $[R(Z_h)，R(K_{dp})$，$R(Z_h，Z_{dr})$ 和 $R(K_{dp}，Z_{dr})]$ 被导出，展示在表 3.12 中。结果显示不同波段的 QPE 估计器展现出差异。具体而言，S 波段和 C 波段的 $R(Z_h)$ 关系的两个参数（α 和 β）非常相似，而与 X 波段有些许不同。对于 $R(K_{dp})$ 关系，三个波段 QPE 关系中参数 α 的差异相对较大（从 13.053 到 27.831），而参数 β 的差异相对较小（从 0.639 到 0.668）。对于 $R(Z_h，Z_{dr})$ 关系，参数 α 和 γ 的差异相对较大，而参数 β 的差异相对较小。$R(K_{dp}，Z_{dr})$ 中，X 波段中参数 α 是 23.265，而在 C 波段中参数 α 是其约两倍，S 波段中参数 α 则是其约 3 倍。

表 3.12　基于天山雨滴谱的 S 波段、C 波段和 X 波段双偏振雷达 QPE 关系

波段	$R(Z_h)$	$R(K_{dp})$	$R(Z_h，Z_{dr})$	$R(K_{dp}，Z_{dr})$
S	$R(Z_h)=0.096$ $Z_h^{0.468}$	$R(K_{dp})=27.831$ $K_{dp}^{0.639}$	$R(Z_h，Z_{dr})=0.013$ $Z_h^{0.824}10^{-0.352Z_{dr}}$	$R(K_{dp}，Z_{dr})=75.719$ $K_{dp}^{0.845}10^{-0.172Z_{dr}}$
C	$R(Z_h)=0.098$ $Z_h^{0.457}$	$R(K_{dp})=16.914$ $K_{dp}^{0.641}$	$R(Z_h，Z_{dr})=0.010$ $Z_h^{0.900}10^{-0.556Z_{dr}}$	$R(K_{dp}，Z_{dr})=51.816$ $K_{dp}^{0.890}10^{-0.251Z_{dr}}$
X	$R(Z_h)=0.070$ $Z_h^{0.497}$	$R(K_{dp})=13.053$ $K_{dp}^{0.668}$	$R(Z_h，Z_{dr})=0.018$ $Z_h^{0.744}10^{-0.294Z_{dr}}$	$R(K_{dp}，Z_{dr})=23.265$ $K_{dp}^{0.816}10^{-0.147Z_{dr}}$

在 QPE 的应用中，对基于雨滴谱的双偏振雷达 QPE 算法表现的评估是非常重要的。由雨滴谱计算得到的 R 被用来评估这些关系（Luo et al.，2021；Ma et al.，2019；Li et al.，2022；Zeng et al.，2022b）。在此处，三个评估指示器——相关系数（CC）、均方根误差（RMSE）和标准化平均绝对误差（NMAE）被是用来评估不同波段下不同的 QPE 关系的精度。图 3.52—图 3.54 分别显示了 S 波段、C 波段和 X 波段下由 QPE 关系计算的 R 与由雨滴谱信息计算得到的 R 的散点对比。对于所有波段，双参方案 $[R(Z_h，Z_{dr})$ 和 $R(K_{dp}，Z_{dr})]$ 的表现优于单参方案 $[R(Z_h)$ 和 $R(K_{dp})]$，表现为更大的 CC 和更小的 RMSE 和 NMAE。单参方案中，$R(K_{dp})$ 方案的表现较 $R(Z_h)$ 更好。相似地，在双参方案中，$R(K_{dp}，Z_{dr})$ 方案较 $R(Z_h，Z_{dr})$ 方案展现出更好的表现。此外，两种单参方案在 X 波段中表现最优，而两种双参方案在 C 波段展现出更好的精度。

R 的等级和雷达波长对于双偏振雷达 QPE 估计器的表现有重要的影响（Li et al.，2022；

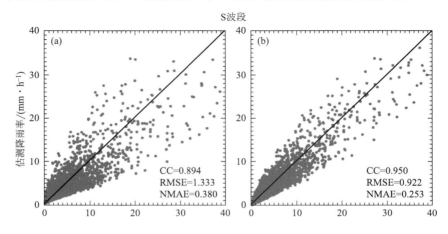

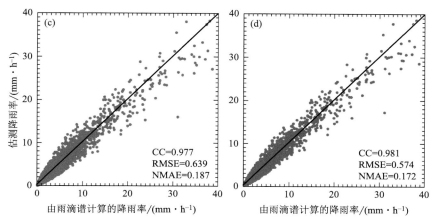

图 3.52　S 波段中由 $R(Z_h)$（a），$R(K_{dp})$（b），$R(Z_h,Z_{dr})$（c）和 $R(K_{dp},Z_{dr})$（d）关系计算得到的 R 与由雨滴谱信息得到的 R 对比的散点图，同时给出了 CC、RMSE 和 NMAE 进行评估

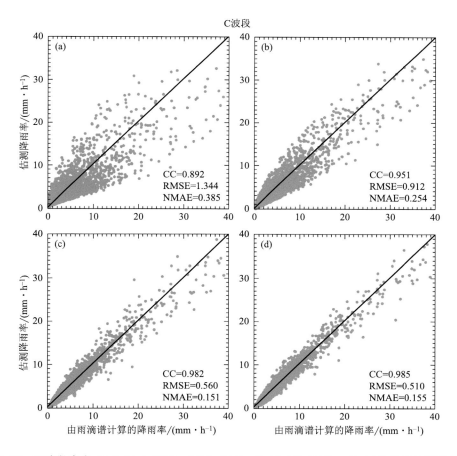

图 3.53　C 波段中由 $R(Z_h)$（a），$R(K_{dp})$（b），$R(Z_h,Z_{dr})$（c）和 $R(K_{dp},Z_{dr})$（d）关系计算得到的 R 与由雨滴谱信息得到的 R 对比的散点图，同时给出了 CC、RMSE 和 NMAE 进行评估

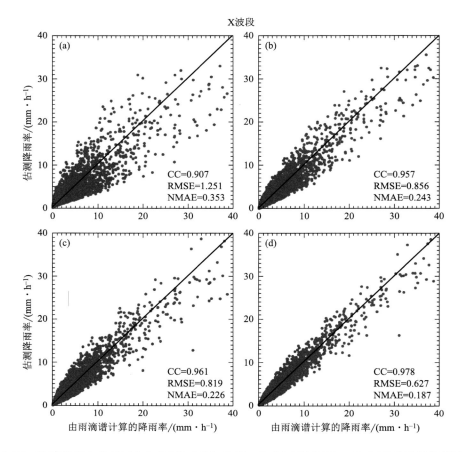

图 3.54 X 波段中由 $R(Z_h)$(a), $R(K_{dp})$(b), $R(Z_h,Z_{dr})$(c)和 $R(K_{dp},Z_{dr})$(d)关系计算得到的
R 与由雨滴谱信息得到的 R 对比的散点图,同时给出了 CC、RMSE 和 NMAE 进行评估

Guo et al.,2018)。为了定量化这些 QPE 估计器在不同 R 等级及不同雷达波长下的表现,我们使用 CC、RMSE 和 NMAE 来详细地评估这些 QPE 估计器的性能。在评估这些 QPE 估计器性能前,我们首先提供了建立表 3.12 中这些 QPE 估计器的双偏振雷达偏振参量的分布和平均值,具体可见表 3.13 和图 3.55。对于所有波段,Z_h 随着 R 等级的增加而增长,相较于 S 波段和 C 波段,X 波段 Z_h 的平均值在除了 C6 等级外的所有 R 等级中值更大。所有波段中,Z_h 在 C2 等级中是分布最窄而在 C6 等级中分布最宽的。与 Z_h 相似,对于所有波段,Z_{dr} 也随着 R 等级的增加而增长。然而,对于前两个 R 等级(C1 和 C2),Z_{dr} 在 X 波段中最大,而在中间两个 R 等级(C3 和 C4),Z_{dr} 在 C 波段中最大,在最后两个 R 等级(C5 和 C6),Z_{dr} 在 S 波段中最大。Z_{dr} 在前三个 R 等级中分布较窄,而在后三个 R 等级中分布较宽,特别是最后一个 R 等级,Z_{dr} 有最宽的分布。有趣的是,在 K_{dp} 随 R 等级增长期间,对于所有波段,下一个 R 等级中 K_{dp} 平均值是该 R 等级中 K_{dp} 平均值的约 3 倍(例如 S 波段中,C3 等级中 K_{dp} 平均值为 1.13×10^{-2}((°)·km^{-1}),C4 等级中为 3.28×10^{-2}((°)·km^{-1}))。对于所有的 R 等级,K_{dp} 平均值在 C 波段中大约是 S 波段中的 2 倍,其在 X 波段中大约是 S 波段的 3 倍(例如对于 C3 等级,S 波段中 K_{dp} 平均值为 1.13×10^{-2}((°)·km^{-1}),C 波段中为 2.42×10^{-2}((°)·km^{-1}),

而 X 波段中为 3.98×10^{-2}（(°)·km^{-1}）。

表 3.13　基于天山雨滴谱的 S 波段、C 波段和 X 波段双偏振雷达偏振参量在不同 R 等级下的平均值

波段	Z_h/dBZ						Z_{dr}/(10^{-1} dB)						K_{dp}/(10^{-3}((°)·km^{-1}))					
	C1	C2	C3	C4	C5	C6	C1	C2	C3	C4	C5	C6	C1	C2	C3	C4	C5	C6
S	15.82	21.73	26.08	31.27	37.47	44.69	10.47	10.71	11.05	11.71	12.93	15.17	1.4	4.5	11.3	32.8	110.1	426.7
C	15.93	21.89	26.31	31.64	38.03	45.51	10.48	10.72	11.09	11.79	12.90	14.71	2.9	9.5	24.2	71.5	241.7	933.6
X	16.09	22.10	26.58	31.94	38.18	45.22	10.49	10.73	11.07	11.70	12.75	14.69	4.7	15.5	39.8	116.2	379.9	1394.0

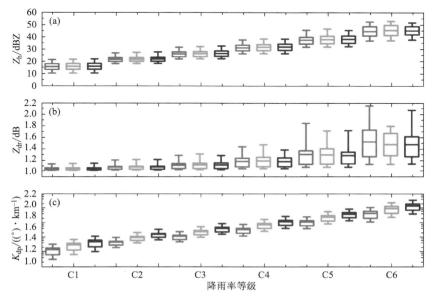

图 3.55　基于天山雨滴谱的 S(红色)波段、C(绿色)波段和 X(紫色)波段
双偏振雷达偏振参量在不同 R 等级下的分布

图 3.56 展现了在不同 R 等级（C1:0.1~0.5 mm·h^{-1},C2:0.5~1 mm·h^{-1},C3:1~2 mm·h^{-1},C4:2~5 mm·h^{-1},C5:5~10 mm·h^{-1},C6:≥10 mm·h^{-1})）和不同雷达波长（S 波段、C 波段和 X 波段）下由双偏振雷达 QPE 估计器得到的 R 与由雨滴谱数据计算得到的 R 的 CC、RMSE 和 NMAE。不同 R 等级下,这 3 个波段的 4 种 QPE 估测方案表现出差异。对于 S 波段雷达,$R(Z_h)$ 估计器有最差的性能,表现为所有 R 等级下,拥有相对更低的 CC 和相对更高的 RMSE 及 NMAE,其后表现差的为 $R(K_{dp})$ 估计器;$R(K_{dp},Z_{dr})$ 估计器在所有 R 等级中表现最优(最高的 CC 和最低的 RMSE 及 NMAE);所有估计器的 RMSE 随着 R 等级的增加而增长,而此过程中 CC 和 NMAE 并没有单调地增加或减小(图 3.56a—c)。对于 C 波段,与 S 波段类似,对于所有 R 等级,$R(Z_h)$ 估计器有最差的性能,随后是 $R(K_{dp})$ 估计器;然而,与 S 波段雷达不同,C 波段下,$R(K_{dp},Z_{dr})$ 估计器并不总是在所有 R 等级中表现最优。具体而言,当 R 等级在 C1 和 C4 之间时,$R(Z_h,Z_{dr})$ 估计器是略微优于 $R(K_{dp},Z_{dr})$ 估计器的,伴随更高的 CC 和更低的 RMSE 及 NMAE;然而当 R 等级为 C5 和 C6 时,结果则相反(图 3.56d—f)。对于 X 波段,与 S 波段类似,$R(Z_h)$ 估计器有最差的性能,而 $R(K_{dp},Z_{dr})$ 估计器在所有 R 等级中表现最优。然而,$R(K_{dp})$ 估计器与 $R(Z_h,Z_{dr})$ 估计器性能的差距对于 X 波

中国天山云和降水物理观测特征

段而言是较 S 波段和 C 波段更窄的,反映在这三个评估参数(CC、RMSE 和 NMAE)间的差距变窄(图 3.56g—i)。

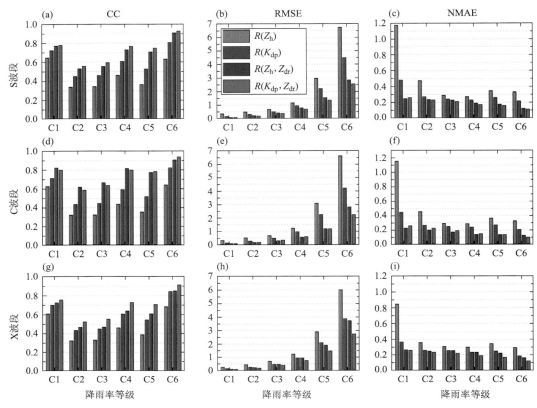

图 3.56 不同波段的双偏振雷达 QPE 估计器得到的 R 与由雨滴谱信息得到的 R 的 CC(a、d、g)、RMSE(b、e、h)和 NMAE(c、f、i),(a)—(c)为 S 波段,(d)—(f)为 C 波段,(g)—(i)为 X 波段

对于同一 R 等级和同一类型 QPE 估计器,不同的波段表现不同。以 C3 等级下 $R(Z_h, Z_{dr})$ 估计器为例,对于 C3 等级的 $R(Z_h, Z_{dr})$ 估计器,C 波段下的 CC、RMSE 和 NMAE 分别为 0.669、0.318 mm·h⁻¹ 和 0.173 mm·h⁻¹,然而 S 波段(X 波段)下的 CC、RMSE 和 NMAE 分别为 0.554(0.471)、0.417(0.501) mm·h⁻¹ 和 0.227(0.258) mm·h⁻¹。因此,三个波段当中,对于 C3 等级下的 $R(Z_h, Z_{dr})$ 估计器,C 波段表现最优,而 X 波段表现最差。同样地,再以 C6 等级下的 $R(Z_h)$ 估计器为例,对于 C6 等级下的 $R(Z_h)$ 估计器,X 波段下的 CC、RMSE 和 NMAE 分别为 0.689、6.032 mm·h⁻¹ 和 0.295 mm·h⁻¹,然而 S 波段(C 波段)下的 CC、RMSE 和 NMAE 分别为 0.634(0.646)、6.749(6.651) mm·h⁻¹ 和 0.332(0.329) mm·h⁻¹。因此,3 个波段当中,对于 C6 等级下的 $R(Z_h)$ 估计器,X 波段表现最优,而 S 波段表现最差。总体上看,对于所有波段和所有 R 等级,双参数 QPE 方案的性能是明显优于单参数方案的。此外,对于所有 R 等级,C 波段的双参数方案的表现优于 S 波段和 X 波段的双参数方案。对于 C 波段,$R(Z_h, Z_{dr})$ 估计器在较低 R 等级(C1—C4,R 小于 5 mm·h⁻¹)时表现较 $R(K_{dp}, Z_{dr})$ 估计器更优,然而 $R(K_{dp}, Z_{dr})$ 估计器在较高 R 等级(C5—C6,R 大于 5 mm·h⁻¹)时表现较 $R(Z_h, Z_{dr})$ 估计器更优。值得注意的是,先前的研究已经展现出对于实际的双偏振雷达在开展 QPE

时选择合适的估计器的重要性,适用于不同地区和不同波段雷达的 QPE 估计器需要被提供。未来我们将利用实际的双偏振雷达进一步开展相关工作。

3.5.4　结论

利用天山地区实测雨滴谱数据,基于 T 矩阵散射模拟方法,得到不同波段双偏振雷达偏振参量,在此基础上建立起各波段下两种双参和两种单参的 QPE 估计器,主要结论如下。

(1)基于 T 矩阵模拟方法能够很好地获得双偏振雷达偏振参量,根据双偏振雷达的偏振参量建立了 $R(Z_h, Z_{dr})$ 和 $R(K_{dp}, Z_{dr})$ 双参 QPE 方案及 $R(Z_h)$ 和 $R(K_{dp})$ 单参 QPE 方案。对比了由 QPE 估计器得到的 R 与由雨滴谱信息得到的 R,利用 CC、RMSE 和 NMAE 对建立的 3 个不同波段的 4 种 QPE 估计器进行评估。对比结果显示双参方案明显优于单参方案,表明在实际应用中更具应用价值。

(2)详细比较了不同 R 等级(C1:0.1~0.5 mm·h^{-1},C2:0.5~1 mm·h^{-1},C3:1~2 mm·h^{-1},C4:2~5 mm·h^{-1},C5:5~10 mm·h^{-1},C6:≥10 mm·h^{-1})、不同雷达波段(S 波段、C 波段和 X 波段)、不同类型 QPE 估计器[$R(Z_h, Z_{dr})$、$R(K_{dp}, Z_{dr})$、$R(Z_h)$ 和 $R(K_{dp})$]的性能差异,结果表明,在不同雷达波长、不同 R 等级下,选择合适的 QPE 估计器是非常重要的。

第 4 章　中国天山极端降水过程宏微观物理观测特征

4.1　暴雪过程云宏微观物理观测特征

4.1.1　两次暴雪天气实况

图 4.1 是两次降雪过程的小时降雪量。第一次降雪过程于 2019 年 2 月 1 日 00：00 左右开始，2 日 03：00 左右结束，持续时间约为 27 h，总降雪量为 11.5 mm，最大小时降雪量为 1.2 mm。由图 4.1a 可得，1 日 00：00—04：00 和 20：00—21：00 的小时降雪量都在 0.8 mm 及以上，其他时间段小时降雪量都在 0.7 mm 及以下，该过程小时降雪量随着时间的推移时大时小，此降雪过程简称为"2·1"过程。第二次降雪过程于 2 月 6 日 10：00 左右开始，20：00 左右结束，持续时间约为 10 h，降雪量为 8.0 mm，最大小时降雪量为 1.8 mm。由图 4.1b 可得，6 日 10：00—16：00 小时降雪量在 0.7 mm 及以上，16：00—20：00 小时降雪量迅速减小到 0.3 mm 及以下，该过程小时降雪量是随时间的变化先逐步上升，后迅速减小直至降雪停止，此降雪过程简称为"2·6"过程。以下时间全都为北京时间。

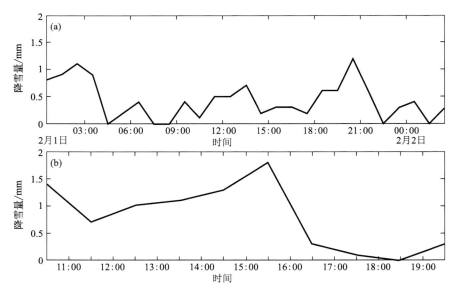

图 4.1　"2·1"过程(a)与"2·6"过程(b)的小时降雪量

图 4.2 为 2019 年 1 月 31 日 21：00—2 月 2 日 07：00 与 2 月 6 日 08：00—22：00 地面温度、相对湿度、能见度。由图 4.2a—c 可知，"2·1"过程温度从 31 日 23：00 0.1 ℃到 1 日 00：00 迅

速降为 −2.5 ℃,此后温度一直维持在 0 ℃以下;相对湿度从 1 月 31 日 23:00 49％到 1 日 00:00 迅速升高到 89％,此后相对湿度一直维持在 88％以上;能见度从 1 月 31 日 23:00 的 20.74 km 到 2 月 1 日 00 时很迅速降到 0.29 km,直到 2 日 05:00 左右能见度一直在 6 km 以下,能见度在 2 月 1 日 21:00 为最小值 0.99 km。由图 4.2d—f 可知,"2·6"过程温度从 08:00 的 −3.4 ℃ 到 09:00 迅速降为 −5.7 ℃,此后温度一直维持在 −4.5 ℃以下;相对湿度从 08:00 的 67％到 11:00 升高到 89％,此后相对湿度一直维持在 85％以上;能见度从 09:00 的 11.68 km 到 10:00 迅速降到 6.57 km,直到 17:00 能见度一直在 5 km 以下,18:00 能见度突然变为 22.47 km, 可能与这段时间降雪出现了短暂的停止有关,能见度在 16:00 为最小值 0.62 km。

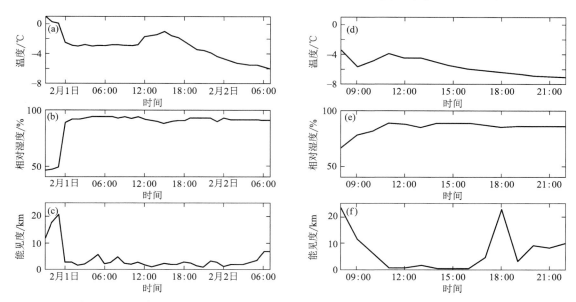

图 4.2　2019 年 1 月 31 日 21:00—2 月 2 日 07:00(a、b、c)与 2 月 6 日 08:00—22:00 (d、e、f)地面温度(a、d)、相对湿度(b、e)、能见度(c、f)

4.1.2　两次过程云宏微观特征

图 4.3 是 2019 年 1 月 31 日 21:00—2 月 2 日 07:00 与 2 月 6 日 08:00—22:00 毫米波云雷达观测参数时空变化,分别是反射率因子 Z、径向速度 V、雪粒子含水量 M。

由图 4.3a—c 可知,"2·1"过程云阶段性变化较为明显,有五个时间段云反射率因子较强,2 km 以下反射率因子都达到了 20 dBZ,分别是 1 日的 00:00—03:30、06:00—08:00、08:30—10:00、10:30—15:00 和 21:00—24:00。由图 4.3a—c 与图 4.1a 对比得,1 km 以下反射率因子较大和雪粒子下落速度较大同时满足时地面小时降雪量较大。00:00—03:30 云顶高度在 7.5 km 左右,3 km 以下反射率因子集中在 20~30 dBZ,雪粒子含水量集中在 0.1~ 0.18 g·m^{-3},1.5 km 以下径向速度集中在 −1.75~−0.5 m·s^{-1},该时刻雪粒子下降速度较快,其中 02:00—03:00 小时降雪量为 1.1 mm,1 km 以下反射率因子集中在 22.5~ 30 dBZ,雪粒子含水量集中在 0.08~0.14 g·m^{-3},径向速度集中在 −1.25~−0.75 m·s^{-1}; 随着降雪的持续云顶高度慢慢下降,06:00—08:00 云顶高度为 6 km 左右,2.5 km 以下反射率因子集中在 20~27.5 dBZ,雪粒子含水量集中在 0.06~0.14 g·m^{-3},1.5 km 以下径向速度集中

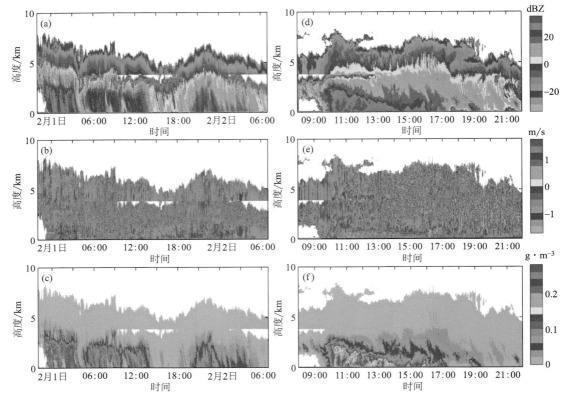

图 4.3 2019 年 1 月 31 日 22:00—2 月 2 日 07:00(a、b、c)与 2 月 6 日 08:00—22:00
(d、e、f)云雷达参数,反射率因子(a、d),径向速度(b、e),雪粒子含水量(c、f)

在 $-1.5\sim0$ m·s^{-1},相比于 00:00—03:30 雪粒子下降速度明显减小,其中 06:00—07:00 地面降雪量为 0.4 mm,1 km 以下反射率因子集中在 20~25 dBZ,雪粒子含水量在 0.06~0.12 g·m^{-3},径向速度集中在 $-1\sim-0.5$ m·s^{-1},该时刻的反射率因子和雪粒子含水量与 02:00—03:00 相差不多,但由于雪粒子下降速度较小,雪粒子不能快速集中地降落到地面,因此小时降雪量较小。08:30—10:00 和 10:30—15:00 两个时间段 2 km 以下的反射率因子集中在 20~27.5 dBZ,雪粒子含水量集中在 0.06~0.14 g·m^{-3},1.5 km 以下径向速度集中在 $-1.25\sim0$ m·s^{-1},这两个时间段雪粒子的下降速度最小。21:00—24:00 是此次降雪过程最后一个反射率因子较强的时间段,2 km 以下反射率因子集中在 20~25 dBZ,雪粒子含水量集中在 0.06~0.1 g·m^{-3},径向速度集中在 $-1.75\sim-1$ m·s^{-1},该时间段是此次过程中雪粒子下降速度最大的时间段,其中 20:00—21:00 小时降雪量为 1.2 mm,1 km 以下反射率因子集中在 15~25 dBZ,雪粒子含水量集中在 0.04~0.1 g·m^{-3},径向速度集中在 $-1.25\sim-0.75$ m·s^{-1},此时间段雪粒子降落速度较大,因此小时降雪量较大。

由图 4.3d—f 可知,"2·6"过程云的阶段性变化不明显,主要表现为云反射率因子变化较小,反射率因子较强时间段较为连续,10:00—12:20 反射率因子大于 20 dBZ 的云伸展到 2 km,其他时间反射率因子大于 20 dBZ 的云降低到 2 km 以下。由图 4.3d—f 与图 4.1b 对比可得,与"2·1"过程同样,1 km 以下反射率因子较大和雪粒子下落速度较大同时满足时地面小时降雪量较大。10:00—12:20 该时间段云顶高度在 7.5 km 左右,2 km 以下反射率因子

集中在 20～35 dBZ,雪粒子含水量集中在 0.1～0.26 g·m^{-3},1 km 以下径向速度集中在
-1.75～-1.25 m·s^{-1},其中 10:00—11:00 小时降雪量为 1.4 mm,2.5 km 以下反射率因子
集中在 20～35 dBZ,雪粒子含水量集中在 0.06～0.26 g·m^{-3},1 km 以下径向速度集中在
-1.75～-1 m·s^{-1},雪粒子下降速度较大。12:20—15:00 时刻 1 km 以下的反射率因子集中
在 20～30 dBZ,雪粒子含水量集中在 0.1～0.18 g·m^{-3},径向速度集中在-1.75～-1 m·s^{-1},
其中 14:00—15:00 小时降雪量为 1.3 mm,1 km 以下反射率因子集中在 20～30 dBZ,雪粒子
含水量集中在 0.06～0.18 g·m^{-3},径向速度集中在-1.75～-0.75 m·s^{-1}。15:00—16:00
中云顶高度有所增加,此阶段 1.2 km 以下反射率因子集中在 20～30 dBZ,雪粒子含水量集中
在 0.06～0.18 g·m^{-3},雪粒子的下落速度相比于 10:00—12:20 稍有减小。16:00—21:00 在
1～4 km 处出现了明显的对流运动,该时段反射率因子逐渐减小,雪粒子含水量也逐渐减小,
这可能是由于对流运动加大了雪粒子的消散。

由图 4.3b 和图 4.3e 可得,1 km 以下“2·1”过程的雪粒子下降速度整体上要小于“2·6”
过程的雪粒子下降速度,且 1 km 以下“2·1”过程雪粒子下降速度随时间的变化呈现先减小
后增加的趋势,而“2·6”过程雪粒子下降速度随时间的变化呈现从大到小的趋势,这可能是
“2·1”过程云阶段性变化明显而“2·6”过程中云阶段性变化不明显的原因。在降雪后期“2·6”
过程的对流运动要大于“2·1”过程的对流运动,较为强烈的对流运动使得“2·6”过程降雪快
速消散,地面降雪量迅速减小。

图 4.4 是 2019 年 2 月 1 日 00:00—01:00 与 6 日 10:00—11:00 毫米波云雷达观测参数
时空变化。由图 4.4a—c 可知,1 日 00:00—01:00 云顶高在 7 km 左右,反射率因子和雪粒子
含水量呈现随着高度的降低逐渐增大的趋势,3 km 以下反射率因子集中在 20～30 dBZ,雪粒
子含水量集中在 0.06～0.18 g·m^{-3},00:15—00:40 是低层反射率因子最大的时间段,1 km
以下反射率因子集中在 25～30 dBZ,雪粒子含水量集中在 0.12～0.18 g·m^{-3}。高度越低雪
粒子下落速度越大,1 km 以上径向速度集中在-1～-0.25 m·s^{-1},1 km 以下径向速度集中
在-1.5～-0.5 m·s^{-1}。由图 4.4d—f 可知,6 日 10:00—11:00 云顶高在 8 km 左右,径向
速度大多数垂直向下,偶尔有垂直向上的径向速度,说明存在小范围小幅度的对流运动,1 km
以下径向速度基本在-1.75～-1 m·s^{-1}。2.5 km 以下反射率因子集中在 20～35 dBZ,雪
粒子含水量集中在 0.08～0.28 g·m^{-3},特别在 10:15—10:50 时间段 2 km 以下反射率因子
都在 25 dBZ 以上,雪粒子含水量都在 0.12 g·m^{-3} 以上。

图 4.5 是 1 月 31 日—2 月 2 日与 2 月 6 日三个不同时刻反射率因子、径向速度、雪粒子含
水量垂直廓线,三个时刻分别选取降雪初生阶段、旺盛阶段和消散阶段中的某一时刻。由图
4.5a—c 可知,初生阶段和消散阶段 1.8 km 以下的反射率因子和雪粒子含水量小于旺盛阶
段。1 月 31 日 23:15 初生阶段 1.2～3 km 处反射率因子大于 20 dBZ,雪粒子含水量大于
0.1 g·m^{-3},2.1 km 处反射率因子达到最大值 29 dBZ,雪粒子含水量达到最大值 0.18 g·m^{-3},
此刻 2.5 km 以下径向速度都小于 0 m·s^{-1}。2 月 1 日 00:25 时 0.12～2.5 km 处反射率因
子集中在 20～29 dBZ,雪粒子含水量为 0.08～0.18 g·m^{-3};2.2 km 以上反射率因子随着高
度的增加快速降低,同样雪粒子的含水量也随着高度的增加快速降低,该时刻径向速度都小于
0 m·s^{-1}。2 月 2 日 03:00 消散阶段 2.5 km 以下反射率因子减弱到 10～20 dBZ,雪粒子含水
量为 0.02～0.06 g·m^{-3},此刻径向速度在-1.3～-0.2 m·s^{-1}。

由图 4.5d—f 可知,初生阶段和消散阶段 2.8 km 以下的反射率因子和雪粒子含水量要远

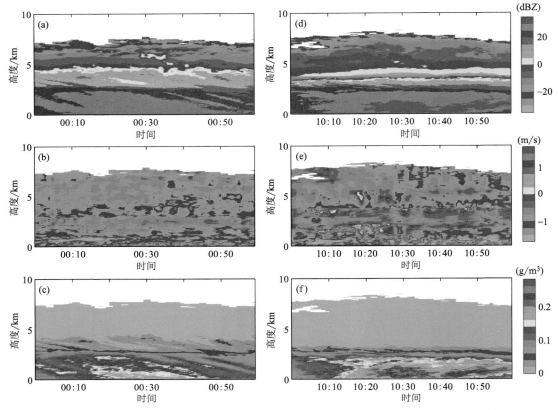

图 4.4 2019 年 2 月 1 日 00:00—01:00(a、b、c)与 2 月 6 日 10:00—11:00(d、e、f)的
云雷达参数,反射率因子(a、d),径向速度(b、e),雪粒子含水量(c、f)

远小于旺盛阶段。09:45 初生阶段 1.2～2.4 km 处反射率因子大于 20 dBZ,雪粒子含水量大于 0.05 g·m^{-3},2.2 km 处为最大值 22.5 dBZ,雪粒子含水量为最大值 0.09 g·m^{-3},径向速度都小于 0 m·s^{-1},0.35 km 处为最小值−2.8 m·s^{-1}。10:30 旺盛阶段 0.12～2.5 km 处反射率因子大于 20 dBZ,最大为 33 dBZ,雪粒子含水量为 0.08～0.27 g·m^{-3},此时径向速度大部分小于 0 m·s^{-1},0.39 km 处达到了最小值−2 m·s^{-1}。20:00 消散阶段 2.5 km 以下反射率因子减弱到 5～10 dBZ,1 km 处最大为 10 dBZ,雪粒子含水量为 0.01～0.025 g·m^{-3},此刻径向速度在−2～1.7 m·s^{-1},说明消散阶段存在较大的对流运动。

4.1.3 小结

(1)"2·1"过程云阶段性变化明显,五个时间段云反射率因子较强,这五个时间段中 2 km 以下反射率因子集中在 20～30 dBZ,"2·6"过程云的阶段性变化不明显,主要表现为云反射率因子变化较小,反射率因子较强时间段较为连续。1 km 以下高度中"2·1"过程的雪粒子下降速度整体上要小于"2·6"过程的雪粒子下降速度,且 1 km 以下"2·1"过程雪粒子下降速度随时间的变化呈现先减小后增加的趋势,而"2·6"过程雪粒子下降速度随时间的变化呈现从大到小的趋势,这可能是"2·1"过程云阶段性变化明显而"2·6"过程中云阶段性变化不明显的原因。

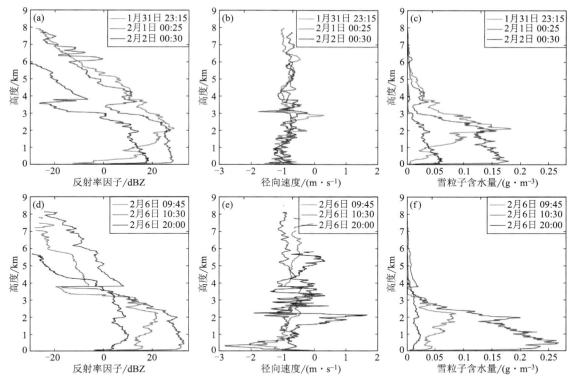

图 4.5　1 月 31 日—2 月 2 日(a、b、c)与 2 月 6 日(d、e、f)不同时刻各参数垂直廓线，
(a)、(d)反射率因子，(b)、(e)径向速度，(c)、(f)雪粒子含水量

　　(2)两次过程都是 1 km 以下反射率因子较大和雪粒子下落速度较大同时满足时地面小时降雪量较大。降雪消散阶段"2·6"过程对流运动比"2·1"过程剧烈，较为强烈的对流运动使得"2·6"过程降雪快速消散，地面降雪量迅速减小。

　　(3)"2·1"过程前 3 h 也就是反射率因子最大时间段，3 km 以下反射率因子集中在 20~30 dBZ，雪粒子含水量集中在 0.1~0.18 g·m^{-3}。"2·6"过程前 2 h 同样为反射率因子最大时间段，2 km 以下反射率因子集中在 20~35 dBZ，雪粒子含水量集中在 0.1~0.26 g·m^{-3}。两次过程结果与陈羿辰等(2018)利用毫米波云雷达观测北京一次暴雪系统发展旺盛时期雪粒子含水量 0.05~0.15 g·m^{-3}、强云反射率因子在 20~30 dBZ 接近。

4.2　冷锋暴雪微物理观测特征

4.2.1　仪器介绍

　　所使用的探测设备均位于西天山地区新源超级站，海拔 928 m。探测设备包括二维视频雨滴谱仪(2DVD)、毫米波云雷达(CR)、风廓线雷达(WPR)、微波辐射计(MR)、GPS/MET 水汽、称重式雨量计(WG)等，所使用时间均为协调世界时(UTC)。

　　二维视频雨滴谱仪(Two Dimensional Video Disdrometer)是由奥地利 Graz 的 Joanneum

Research 生产的高精度雨滴谱探测仪。其探测设备由两个高度差约为 7 mm 的线扫相机组成,它们从两个相互垂直的方向对降落的粒子进行水平扫描,其探测区域约为 10 cm×10 cm,探测信息包括单个粒子在两个垂直方向上的平面投影图像及反演出的粒子等效粒径、轴比和下落末速度等(Kruger et al.,2002)。关于仪器性能的更多信息可以在制造商网站(www. distrometer. at[2020-10-30])上查询。2DVD 已在全球范围内被用于降水粒子滴谱的研究,并被认为是目前精度较高和探测信息最多的粒子分布探测仪器(温龙 等,2016)。本研究中,主要用于区分降雪粒子类型及降雪微物理特征的观测。

风廓线雷达型号为 CFL-03 型方舱式边界层风廓线雷达,L 波段(1320 MHz),可连续探测边界层的实时三维风场情况;最低探测高度:60~120 m(或者 50~100 m),最高探测高度:3~5 km。本研究中主要用于环境风场探测及冷锋暴雪不同阶段的划分,主要参数见表 4.1。

表 4.1　风廓线雷达主要参数

工作频率	最小探测高度	最大探测高度	时间分辨率	高度分辨率	波束宽度
1320 MHz	60 m	≥3 km	五波束≤6 min	低模式≤60 m 高模式≤120 m	≤6°

微波辐射计为美国 Radiometrics 公司生产的 35 通道 MP-3000A 型微波辐射计,K 波段(22~30 GHz,21 个通道),V 波段(51~59 GHz,14 个通道),提供了从地面到高空 10 km 区域内温度、相对湿度、水汽密度和液态水廓线数据,时间分辨率为 1 min。本研究中主要用于探测温湿度场并配合云雷达。GPS/MET 水汽,是利用大气折射率对气象参数的敏感性来研究大气状态。可探测垂直积分水汽总量。本研究中用于探测新源站大气可降水量。

4.2.2　资料介绍及数据处理

利用中国气象局乌鲁木齐沙漠气象研究所西天山云降水物理野外科学观测基地——新源站冬季观测所获得的 2020 年 2 月 18—19 日一次冷锋暴雪过程的垂直观测数据。数据集包括风场、温度场、湿度场、雷达反射率因子、径向速度、降雪粒子谱及地面自动气象站等数据。

为确保 2DVD 探测数据的准确性,对环境风速大于 5 m·s^{-1} 的样本进行剔除。对 2DVD 观测到的降雪粒子进行每 5 min 一组的重新采样,每组样本数小于 100 的剔除,确保收集到足够数量的降雪粒子样本。设计一种过滤器,用于减少 2DVD 受细小冰晶及环境风速的影响造成的 A、B 相机匹配误差,并区分霰粒子与雪花(图 4.6)。该算法包含三个关键的判定比率:①正交图像的高度比($f1$)、测得的终端速度 V_m 与 Ishizaka 等(2013)推导的六角形雪花下落末速度 V_s 的比率($f2$)、终端速度 V_m 与 Brandes 等(2002)提出的雨下落末速度 V_e 的比率($f3$)。这些比率必须小于或等于 1。H_a、H_b 分别是 A 相机、B 相机测的粒子长轴;②测得的终端速度 V_m 与 Ishizaka 等(2013)推导的六角形雪花下落末速度 V_s 的比率($f2$),$f2=V_m/V_s$;③终端速度 V_m 与 Brandes 等(2002)提出的雨滴下落末速度 V_e 的比率($f3$),$f3=V_m/V_e$。由 Bukovčić 等(2018)可知,2DVD 过滤器算法 $f1$ 大于 0.5 可以有效减少 2DVD 的匹配误差;Bukovčić 等(2017)发现快速

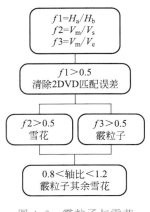

图 4.6　霰粒子与雪花
区分参数

下降的霰粒子的速度与直径关系,可以有效的区分霰粒子与雪花($f2$ 大于 0.5 判定为雪花,$f3$ 大于 0.5 判定为霰粒子);而对于雪花与霰粒子重叠区,杨军等(2011)指出直径小于 1 mm 的霰粒子其轴比近似为 1,而雪花经验轴比为 0.75,故通过轴比区分重叠区(0.8<轴比<1.2,判定为霰粒子其余为雪花)。

每组样本划分为 60 个档,每档间距 $\Delta D=0.2$ mm(D 为粒子直径),故测量的粒子直径范围为 0.1~12.1 mm。将每档的雨滴数进行累加,考虑 2DVD 的测量的实际空间大小 $Av_l\Delta t$ 及粒子间距 ΔD,L 为特定间距及特定时间间距的粒子数量,得到归一化的粒子谱:

$$N(D)=\sum_{l=1}^{L}\frac{1}{Av_l\Delta t\Delta D} \qquad (4.1)$$

利用求得的粒子谱,计算降水的物理参数,对粒子数密度(N_t)、雪强(S)、中值体积直径(D_0)。计算公式如下:

$$N_t=\int_0^{D_{\max}}N(D)\mathrm{d}D \qquad (4.2)$$

$$S=6\pi\times10^{-4}\int_0^{D_{\max}}\left(\frac{\rho_s}{\rho_w}\right)D^3v(D)N(D)\mathrm{d}D \qquad (4.3)$$

$$\int_0^{D_0}D^3N(D)\mathrm{d}D=\int_{D_0}^{D_{\max}}D^3N(D)\mathrm{d}D \qquad (4.4)$$

$$D_{eq}=2(a_1a_2b)^{1/3} \qquad (4.5)$$

式中,$D_{\max}$ 为粒子最大直径,$v(D)$ 为直径为 D 的粒子下落速度,ρ_s 为雪密度,ρ_w 为水密度,V 为粒子下落速度,D_{eq} 为粒子等效体积直径,对于雪粒子的等效体积直径的计算利用 Zhang 等(2011)提出的,通过 2DVD 观测的二维图像的最大宽度($2a_1$ 和 $2a_2$)和高度($2b$)估算:

粒子谱分布的拟合利用 Ulbrich 等(1983)提出的 gamma 模型进行拟合[粒子谱的 n 阶矩 M_n,即 D 的 n 次方和 $N(D)$ 乘积的积分],并利用 246 阶矩法进行求解。

$$M_n=\int_0^{D_{\max}}D^nN(D)\mathrm{d}D \qquad (4.6)$$

式中,

$$N(D)=N_0D^\mu\exp(-\Lambda\cdot D) \qquad (4.7)$$

$N(D)$ 通过描述 DSD 的三参数(截距参数 N_0($\mathrm{mm}^{-1-\mu}\cdot\mathrm{m}^{-3}$)、形状因子 μ(一)和斜率参数 Λ(mm^{-1})的 Gamma 分布模型定义。

为了从雪花粒子谱反演出雨滴谱,由此发展了几种简单的融化模型,并应用到 2DVD 观测的粒子谱资料中(Zhang et al.,2011)。雪的密度和降落速度由幂函数关系表示,雨滴的速度也由幂函数关系表示。两个模型均假设粒子的质量守恒,其中一个模型假设降水粒子数密度守恒,被称为质量守恒(MC)模型;另一个模型假设粒子数量通量守恒,被称为通量守恒(FC)模型(张贵付 等,2018)。

4.2.3 降雪宏观特征

4.2.3.1 降雪天气基本情况及环流形势

2020 年 2 月 18—19 日受冷锋入侵的影响,西天山地区发生了一场降雪过程,其中新源站 24 h 降水量为 13.3 mm,达到了暴雪量级。主要降雪过程从 18 日 10:00 开始,19 日 04:00 趋于结束,其中 18 日 17:00—22:00 雪强超过 1 mm·h^{-1}。降雪期间地面气温从开始时的

-2 ℃,降到了-3 ℃;相对湿度也由开始时的接近饱和回落到 85% 左右;由 GPS/MET 探测到的大气可降水量由开始时的 8 mm 左右,回落到 5 mm(图 4.7)。

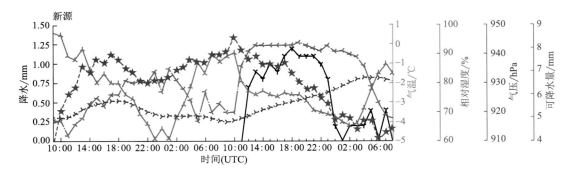

图 4.7   2020 年 2 月 17 日 09:00—2 月 19 日 08:00 UTC 新源站地面观测数据

2020 年 2 月中旬,500 hPa 欧亚范围内为两脊一槽径向环流,欧洲和贝加尔湖地区为强盛的高压脊区,乌拉尔山为深厚的低压槽区;18 日 12:00(图 4.8),中亚低槽位于巴尔喀什湖一带,槽前西南气流强盛,在中亚至新疆西部生成 10 个纬距 8 根等压线的强西南锋区,西天山地区开始降雪。此后中亚低槽逐渐进入新疆,北疆各地相继降雪,19 日 00:00,上游高压脊进一步衰退,中亚低槽整体进入新疆,强锋区控制北疆。

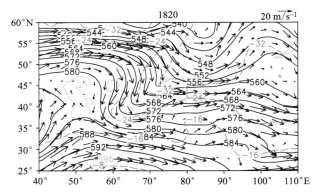

图 4.8   2020 年 2 月 18 日 12:00(UTC)500 hPa 位势高度场(等值线,单位:dagpm)、
温度场(红色虚线,单位:℃)及风场(黑色箭头)(红色方框为西天山地区)

700～850 hPa 槽脊系统的演变与同时期 500 hPa 的基本一致,但位置超前,可见中亚低槽具有后倾结构。降雪前期,2 月 18 日 00:00,1800 m 左右有偏西风和偏东风的切变,1000 m以下有风场的辐合,中低层风场切变和辐合促进该区域上升运动的发展;18 日 00:00—10:00地面气温由-4 ℃升至 0 ℃附近,大气可降水量由 7 mm 升至 9 mm,增温增湿明显,此时西天山地区低层处于暖区且盛行偏东风,中低层的暖湿气流和偏东风为降雪提供了热力和水汽条件。

4.2.3.2　降雪动力特征

新源风廓线雷达观测的水平风场(图 4.9)可以看出,18 日 07:00 开始,低层(800 m 以下)由弱的偏东气流逐渐转变为偏西风,表现为冷锋入侵的开始。中层(800～5000 m),从 18 日

07:00 开始至 16:00,有强烈的风切变,由偏西北风转变为偏西南风控制,故根据冷锋入侵的时间,把 18 日 10:00—16:00 的降雪时段划分为第一阶段,即冷锋入侵,动力强迫抬升的过程;18 日 16—19 日 00:00,整个中层(2000～4500 m)受冷锋控制为西南风,且风速在 15 m·s^{-1} 左右,风随高度增加表现为逆时针旋转,表现为冷平流,故根据冷锋控制的时间,18 日 16:00—19 日 00:00 为降雪第二阶段即冷锋控制,大风降温过程;从 19 日 00:00—04:00,1000～2800 m 风速由原先的 10 m·s^{-1} 左右,降低到 4 m·s^{-1},风向也由偏西南风转变为弱的西风控制,表现为冷锋过境,故 19 日 00:00—04:00 为降雪第三阶段,即冷锋过境阶段。

降雪过程时风廓线雷达探测到的功率谱密度分布中包含了大气返回信号和降雪质点返回信号,受降雪质点的影响及降雪质点返回的多普勒速度信息,使外界地物杂波、湍流和近地面局地环流对风廓线雷达影响较小,故反演的风向与风速更精准。图 4.9 中高层有些没有风羽,是因为冷锋过境时干冷空气的大气复折射指数低、返回信号弱,无法进行风廓线的反演。综上所述,利用风廓线雷达的探测数据进行冷锋暴雪的阶段划分是可靠的。

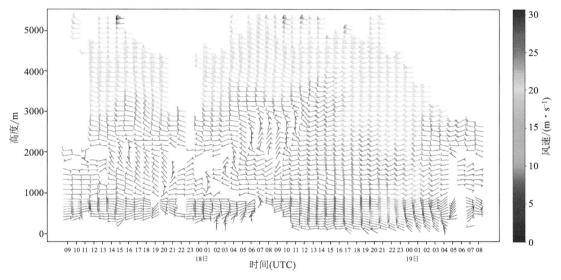

图 4.9　2020 年 2 月 17 日 09:00(UTC)—2 月 19 日 08:00(UTC)
新源站 CFL-03 型边界层风廓线雷达观测的风场数据

4.2.3.3　降雪水汽特征

微波辐射计观测的相对湿度廓线(图 4.10d)显示,降雪期间整层水汽接近饱和,1 km 以下相对湿度大于 80%,降雪过程消耗水汽,降雪结束后低层相对湿度快速下降。降雪之前,随着中亚低槽临近低层西南气流向西天山地区输送水汽,底层液态水含量值较大(图 4.10c),水汽在低层(小于 1 km)丰富(图 4.10b),最大水汽密度大于 3.6 g·m^{-3},由于降雪的消耗,降雪结束后低层水汽含量下降。

4.2.3.4　降雪热力特征

微波辐射计观测的温度廓线随时间的演变图(图 4.10a),从 18 日 10:00 开始整个温度层结表现为明显降低,并于 19 日 00:00 到达了低值点,与冷锋入侵整个大气层结温度降低有很好的对应;19 日 00:00—04:00,温度层结稳定,并维持在低值区。湿度廓线随时间的演变图

（图 4.10d）显示，降雪期间整层水汽趋于饱和，2 km 以下的相对湿度，趋于 90%，随着降雪过程的不断消耗，相对湿度高值区厚度缓慢变薄。

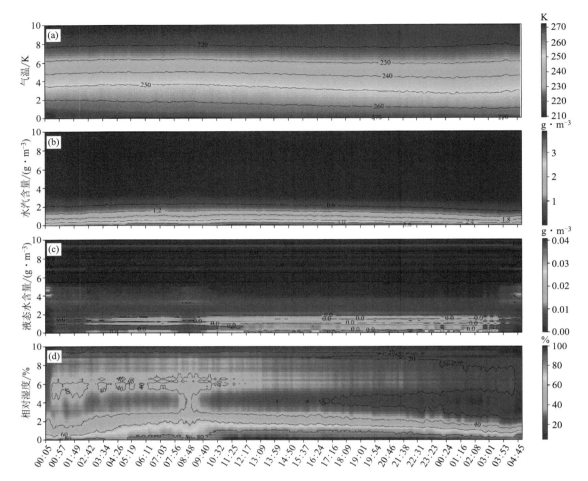

图 4.10　2020 年 2 月 18 日 00:00(UTC)—2 月 19 日 05:00(UTC)新源站 MP-3000 型微波辐射计观测的温度(a)、水汽含量(b)、液态水含量(c)、相对湿度(d)

4.2.4　降雪微物理特征

4.2.4.1　降雪粒子的分类

由于冷云降水过程中的粒子形态复杂，且固态粒子下落过程中更容易受破碎、聚并和凇附等微物理过程影响，造成降雪过程中下落粒子并不仅仅只有雪花。为了更深入地研究降雪粒子的微物理特征，必须进行降雪粒子的分类。2020 年 2 月 18—19 日西天山地区冷锋暴雪过程中，2DVD 共探测到 2329873 个下落粒子。消除粒子不匹配等因素的影响后，得到有效探测粒子 1898374 个，有效率 81%。经过过滤器后雪花粒子 1479108 个，霰粒子 413825 个，其中 5441 个粒子未识别，判别为无效粒子(图 4.11)。雪花主要是由直径小于 1 mm 的粒子贡献，同时也存在大于 6 mm 雪花聚集体；霰粒子主要由直径 0.5 mm 左右的粒子贡献，同时存在少量直径大于 1 mm 的粒子。

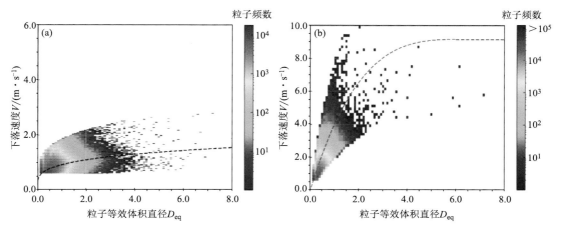

图 4.11　2DVD 探测粒子的分类,黑色虚线为雪花的 $V\text{-}D$ 关系,红色虚线为雨的 $V\text{-}D$ 关系
(a)雪花;(b)霰粒子

4.2.4.2　降雪微物理特征

降雪过程第一阶段(冷锋入侵)18 日 10:00—16:00,从毫米波云雷达反射率回波的时间序列演变来看(图 4.12a),云顶高度 7 km 左右,云顶温度低于 $-40\ ^{\circ}\mathrm{C}$ 是冰云,$-20\ ^{\circ}\mathrm{C}$ 以下反射率回波增强;图 4.12b 中 2 km 以下近地面水汽含量充分达到 $2\ \mathrm{g\cdot m^{-3}}$ 左右,反射率回波随高度的下降逐渐增大;径向速度(图 4.12b):粒子的下落末速度均大于 $1\ \mathrm{m\cdot s^{-1}}$,快速下降的粒子(大于 $1.5\ \mathrm{m\cdot s^{-1}}$)几乎没有,同时在 $1\ \mathrm{km}$ 以及近地面存在液态水(过冷水)。地面 2DVD 观测(图 4.13a、图 4.14a)D_0 保持在 $1\ \mathrm{mm}$ 左右,$D_{\max}$ 最大值不超过 $5.0\ \mathrm{mm}$ 且保持平稳,平均值在 $3\ \mathrm{mm}$ 左右;结合降雪粒子的分类发现霰粒子的数浓度不高(图 4.13b),高速下落的霰粒子几乎没有(图 4.14b),雪花的数浓度达到 10^3 左右,主要降雪类型为雪花,霰粒子对雪强的贡献几乎没有(图 4.14c)。

图 4.12 中回波强度和径向速度在 4 km 高度回波不连续,是由于毫米波云雷达在探测较弱回波时,既要满足探测距离又要保证探测能力采用的脉冲互补技术造成的,雷达采用宽脉冲确保对较弱回波有足够的探测能力,但是会存在底层出现探测盲区,这部分盲区则采用窄脉冲来填补,但是窄脉冲对弱回波探测能力有限,所以当底层回波很弱的时候就会导致如图 4.12 所示的回波不连续的问题。

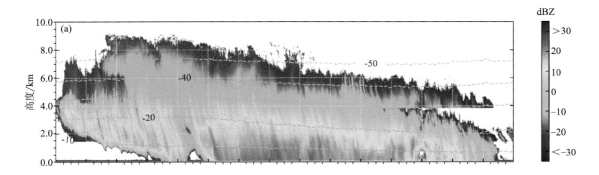

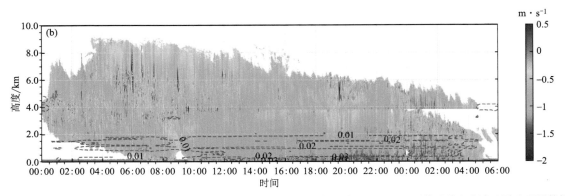

图 4.12　2020 年 2 月 18 日 00:00(UTC)—2 月 19 日 07:00(UTC)新源站 KPS-HMB 型单通道毫米波云雷达观测数据
(a)反射率因子,灰色虚线温度廓线(℃);(b)径向速度,红色虚线为液态水含量(g·m^{-3})

降雪过程第二阶段(冷锋控制)18 日 16:00—19 日 00:00,云顶高度降到 6 km,云顶温度在 -40 ℃ 左右,云雷达反射率(图 4.12a)20 dBz 左右的高度不断下降,其中 20:00—22:00,1～2 km 范围内反射率有低值,对应的环境温度略低于 -10 ℃,同时存在 0.02 g·m^{-3} 的液水层(过冷水)并伴随快速下落的粒子(大于 1.5 m·s^{-1})(图 4.12b);地面 2DVD 观测(图 4.13),霰粒子浓度维持在高值,导致 D_0 比上阶段偏小,大的雪花聚合体出现的频次高,最大达 9 mm,雪花数浓度能达到 10^4,同时霰粒子数浓度超过 10^3,数浓度高的霰粒子对于降雪雪强的贡献高;17:00 左右及 19:00—23:00 有霰粒子出现(图 4.14b),其中 20:00—22:00,下落粒子主要集中于 0.5 mm 左右(图 4.14a),与其他霰粒子出现的时段相比,具有更快的下落速度和更高的数浓度,表明此时段的霰粒子数密度大,凇附程度更深。同时一个有趣的现象(图 4.14),霰粒子数密度大,凇附程度深的时段大的雪花聚合体少,整体来看大的雪花聚合体直径比其他霰粒子出现时段的雪花聚合体直径要小。

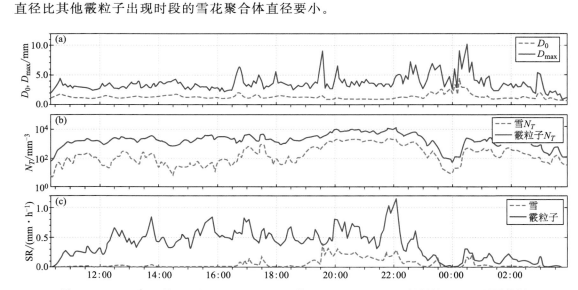

图 4.13　2020 年 2 月 18 日 10:20(UTC)—2 月 19 日 03:55(UTC)新源站 2DVD 观测数据
(a)D_0 粒子中值体积直径,$D_{\max}$ 粒子最大直径;(b)N_T 粒子数浓度;(c)SR 雪花和霰粒子的雪强

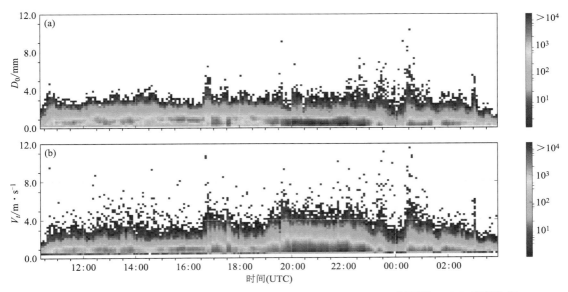

图 4.14　2020 年 2 月 18 日 10:20(UTC)—2 月 19 日 03:55(UTC)新源站 2DVD 观测数据
(a)PSD 粒子大小分布;(b)PVD 粒子速度分布

降雪过程第三阶段(冷锋过境)19 日 00:00—04:00,云顶高度降到 4 km 左右,云顶温度高于−30 ℃;近地面的云雷达反射率变小 15 dBZ 左右(图 4.12a),图 4.12b 中近地面水汽含量下降,2 km 以下液态水含量丰富,同时也存在下落速度快的粒子;地面 2DVD(图 4.13a)观测到 D_{max} 很大,有超过 10 mm 的雪花聚合体出现,D_0 在 1 mm 左右,图 4.14b 显示雪花及霰粒子的数浓度相较于前 2 个阶段而言偏低,进而导致雪强低(图 4.13c);图 4.14b 显示此阶段的霰粒子下落末速度并没有 18 日 20:00—22:00 快,表明霰粒子的凇附程度不深,但大的雪花聚合体偏多,与之前强凇附阶段(20:00—22:00)形成了鲜明的对比。

美国科罗拉多州与西天山地区的地形相似且都是山区平原,气候相似同属于干旱区,故利用 Brandes 等(2007)拟合出的美国科罗拉多州的雪密度关系 $\rho_s = 0.178D^{-0.922}$,以及快速下降的霰粒子经验密度 0.8 g·cm^{-3},分别计算 2DVD 分类后雪花与霰粒子的雪水当量 SR (图 4.13c)。发现高浓度快速下降的霰粒子,对于雪强的贡献是显著的,部分甚至能达到雪花的降雪强度。同南京地区降雪微物理特征相比较而言,西天山地区雪强、雪花直径偏小,这是由于南京地区受东亚季风控制,气候温暖湿润,在高湿环境下,降雪环境温度多在 0 ℃ 附近是湿雪,根据"准液膜理论"容易产生较大的聚合体,故雪花直径大、雪强高。

4.2.4.3　降雪微物理过程

降雪过程第一阶段(冷锋入侵)18 日 10:00—16:00,云顶温度低于−40 ℃,云顶温度越低,大气冰核越多,导致无论是同质冻结核化还是异质核化产生的冰晶就越多,同时 2 km 至近地面的空中水汽及液水(过冷水)(图 4.10c)丰富,产生了一个理想的贝吉龙过程(凝华增长)条件。图 4.10a 云雷达反射率也表明,反射率因子在 2 km 左右开始增强,正是冰晶的凝华增长和−17～−12 ℃ 区间"连锁"机制及近地面的"黏连"机制的聚并过程,造成粒子粒径增大从而导致反射率因子的增强。此外由于冰晶数量多,参与竞争增长的粒子多,不易捕捉过冷水滴而成为霰粒子,导致地面 2DVD 观测到(图 4.13a)有少量的霰粒子。

降雪过程第二阶段(冷锋控制)18日16:00—19日00:00,云顶高度降到6 km,云顶温度在−40 ℃左右,且云顶高度在不断降低,云顶温度不断升高,而大气冰核随温度的升高而减少,导致核化过程产生的冰晶少。此时段(图4.12a)1 km高度其温度区间在−10 ℃左右,同时在此高度及近地面含有充分的液水(过冷水)。适宜的温度区间(凇附过程适宜的温度区间−13~−8 ℃),必要的过冷水层有利于霰粒子的生成,加之冰晶数量的减少导致参与竞争增长的粒子少,冰晶更易捕捉过冷水滴而形成快速下落的霰粒子(凇附过程)。聚并过程对于凇附过程有正向作用,大的雪花聚合体在竞争增长中更具优势,更易捕捉过冷水滴,导致17时左右及19:00—22:00,出现快速下落及高数密度的霰粒子时,大的雪花聚合体几乎没有,而凇附过程启动及结束时出现大的雪花聚合体(图4.14b)。

降雪过程第三阶段(冷锋过境)19日00:00—04:00,云顶高度降到4 km左右,云顶温度高于−30 ℃。云顶温度持续不断的下降,大气冰核的数浓度不断降低,图4.10b中水汽含量不断衰退,但有充分的过冷水(图4.12b),导致与前一阶段相比竞争增长不激烈,给凇附过程提供了良好的条件。

4.2.5　降雪模型

4.2.5.1　降雪融化模型

三个降雪阶段的粒子谱和其对应的MC模型雨滴谱及FC模型雨滴谱(图4.15)。从图中可以看出粒子谱和雨滴谱与Gamma分布有很好的对应关系。降雪第一阶段主要降雪类型是雪花,Gamma分布较好地拟合出了粒子谱曲线的头部,降雪的第二、第三阶段,受霰粒子增多的影响,Gamma分布对粒子谱曲线的头部拟合较差;观测的粒子谱曲线有较长的尾线,包含了少量较大的雪花聚合体,由于大的雪花聚合体密度小,融化后体积减小显著,故利用2种融化模型计算后的雨滴谱曲线变短。融化模型的加入,显著增加了小粒子的数浓度。与前人观测的拟合结果不同的是,本次降雪无论其降雪类型是雪花还是雪花与霰粒子的混合类型,其

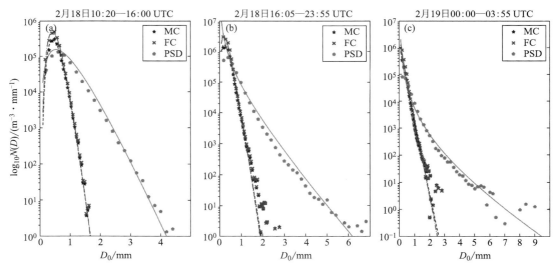

图4.15　2020年2月18日10:20(UTC)—2月19日03:55(UTC)粒子大小分布及Gamma分布。红色实线是雪粒子Gamma分布;黑色实线是MC模型Gamma分布;蓝色实线是FC模型雨粒子Gamma分布;红色点是雪粒子分布;黑色点是MC模型雨滴分布;蓝色点是FC模型雨滴分布

FC 模型计算出的小粒子数浓度增量大于 MC 模型计算出的结果。在 FC 模型中,小粒子数浓度的增加受较快下落速度的高密度霰粒子(比融化后雨滴速度快)而未被雨滴流出抵消。对于雪花、霰粒子混合的融化模型,具有凸分布形状,与西天山地区伊宁站观测的层状云降水的雨滴谱相似,为西天山地区降雨微物理特征机理的研究提供了新思路。

图 4.16 为降雪微物理过程模型。

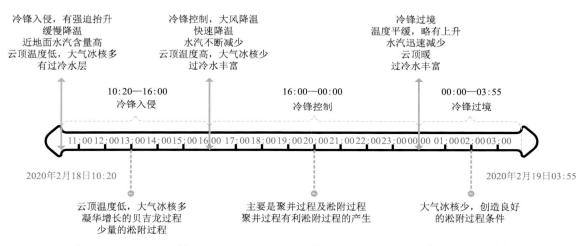

图 4.16　2020 年 2 月 18 日 10:20(UTC)—2 月 19 日 03:55(UTC)降雪过程流程图

4.2.6　小结

(1)利用中国气象局乌鲁木齐沙漠气象研究所在新源建设的西天山云降水物理野外科学观测基地,基于二维视频雨滴谱仪联合多种垂直探测设备,对西天山地区一次冷锋暴雪过程进行了宏微观物理特征的分析。通过冷锋入侵,把降雪过程分为了三个阶段:①冷锋入侵、动力强迫阶段;②冷锋控制、大风降温阶段;③冷锋过境阶段。

(2)首先通过 2DVD 粒子分类算法,区分出雪花与霰粒子。在冷锋入侵、动力强迫阶段:由于云顶温度低,大气冰核多且含有充足的水汽及适量的过冷水,降雪粒子类型主要为雪花,微物理过程主要为凝华增长的贝吉龙过程、"黏连"机制的聚并增长及少量淞附;冷锋控制、大风降温阶段:云顶温度升高,大气冰核减少且过冷水丰富,降雪粒子类型主要为雪花、霰粒子,微物理过程主要是聚并增长及淞附过程,同时粒子的聚并增长造成的竞争优势有利于淞附过程的发生;在冷锋过境阶段,由于云顶温度持续升高,大气冰核越加减少,加之适当的过冷水,导致参与竞争的粒子少,有利于淞附过程的发生。不同于南京地区的降雪,西天山地区降雪,雪花直径及雪强偏小,但霰粒子对雪强有较大贡献。

(3)淞附是一种复杂的过程,不同的淞附程度会有不同下落速度及不同密度的霰粒子,后续将开展不同下落末速度及不同淞附程度的霰粒子的区分工作;微波辐射计反演的液态水含量存在很大的不确定性,故后续对于过冷水的定量研究中,将开展双波段云雷达探测,通过谱数据反演出液水积分路径,定量化过冷水分布。

(4)西天山地区不同于东亚季风区,几乎没有暖云降水,独特的气候背景,造就了其是天然的冷云降水研究对象。冬季 80% 以上的降雪过程中,都有霰粒子的出现。后续的研究工作将围绕解答西天山地区霰粒子为何多这一科学问题开展。

4.3 短时强降水微物理观测特征

4.3.1 仪器与资料处理

4.3.1.1 仪器介绍

本节所使用的探测设备均位于中国气象局乌鲁木齐沙漠气象研究所西天山云降水物理野外科学观测基地—新源超级站,海拔 928 m。探测设备有二维视频雨滴谱仪(2DVD)、GPS/MET 水汽探测仪、国家基准自动气象站、风云-2G 静止气象卫星(FY-2G)等,本节所使用时间均为北京时。

2DVD 是奥地利 Johanneum Research 生产的高精度雨滴谱探测仪,已在全球范围内被用于降水粒子滴谱的研究,并被认为是目前精度较高和探测信息最多的粒子分布探测仪器,水平分辨率≤0.2 mm,垂直分辨率≤0.2 mm,探测区域约为 10 cm×10 cm,2020—2021 年 6—8 月 2DVD 雨滴谱观测数据。

GPS/MET 水汽探测仪探测垂直积分水汽总量(PWV),时间分辨率 30 min。FY-2G 观测云顶亮温(TBB)时间分辨率 30 min,空间分辨率 0.01°×0.01°。新源国家基准自动气象站观测降水量时间分辨率 5 min。

4.3.1.2 2DVD 雨滴谱数据质量控制

新源超级站的 2DVD 每年进行 2 次定标(3 月、11 月),利用厂家配套的标定软件及标准直径的小弹珠进行标校。2DVD 探测的粒子样本,每组样本划分为 60 档,每档间距 $\Delta D = 0.2$ mm,时间间隔为 60 s,测量的粒子直径范围为 0.1~12.1 mm。2DVD 数浓度计算公式如下(Schönhuber et al. 2008)。

$$N(D_i) = \frac{1}{\Delta t \Delta D} \sum_{j=1}^{m_i} \frac{1}{A_j v_j} \tag{4.8}$$

式中,Δt 是时间间隔,单位:s;i 特定间距内的粒子;j 是在特定时间间隔内的特定间距内的粒子;m_i 是特定间距 i 及特定时间间隔 Δt 的粒子数量;D_i 是特定间距内粒子的中值直径,单位:mm;ΔD 是粒子间距,单位:mm;A_j 是每一个 j 水滴大小有关的有效测量面积,单位:m²;v_j 是每一个 j 水滴的下落末速度,单位:m·s⁻¹。

利用求得的粒子谱,计算降水的物理参数,粒子数密度 N_t、雨强 R(mm·h⁻¹)和液态水含量 W(g·m⁻³)计算公式如下:

$$N_t = \int_0^{D_{\max}} N(D) \mathrm{d}D \tag{4.9}$$

$$R = 6\pi \times 10^{-4} \int_0^{D_{\max}} D^3 v(D) N(D) \mathrm{d}D \tag{4.10}$$

$$W = (\pi/6000) \int_0^{D_{\max}} D^3 N(D) \mathrm{d}D \tag{4.11}$$

粒子谱的 n 阶矩,即 D 的 n 次方和 $N(D)$ 乘积的积分表示为:

$$M_n = \int_0^{D_{\max}} D^n N(D)\mathrm{d}D \tag{4.12}$$

质量加权平均粒径 D_m（mm）为 4 阶和 3 阶矩的比值：

$$D_m = M_4/M_3 \tag{4.13}$$

标准化截断参数 N_w（$\mathrm{mm^{-1} \cdot m^{-3}}$）表示为（温龙 等，2016）：

$$N_w = (4^4/\pi\rho_w)(10^3 W/D_m^4) \tag{4.14}$$

本研究中使用的 D_m 和 N_w 等参数均由直接探测的 DSD 计算得到。

利用 Python 中 PyTMatrix 库（Leinonen et al.，2014）2DVD 探测雨滴谱（Raindrop size distribution，DSD）计算水平极化雷达反射率 Z_H（$10\log_{10}(Z_h)$）、差分反射率因子 Z_{DR}（$10\log_{10}(Z_{dr})$）、差分相移率 K_{DP} 等偏振雷达变量。此外本研究中使用 10 ℃ 作为雨滴的温度，定量降水估测应用 C 波段，雨滴轴长比信息使用 Brandes 等（2003）提出的经验关系。

2DVD 探测的粒子数据受风的影响，以及粒子溅落的影响。本节利用 Kruger 等（2002）提出的公式进行质控：

$$|V_{\text{measured}} - V_{\text{ideal}}| < cV_{\text{ideal}} \tag{4.15}$$

式中，V_{measured} 是测量值，V_{ideal} 代表 Brandes 等（2003）提出的经验下落末速度，c 取 0.4（Wen et al.，2018）。

本研究对流性降水分类采用 Chen 等（2013）的方法，在连续至少 10 min 以上的 DSD 样本中，如果 R 始终 >5 $\mathrm{mm \cdot h^{-1}}$，而标准差 $\sigma_R > 1.5$ $\mathrm{mm \cdot h^{-1}}$，则被识别为对流云降水，2020—2021 年夏季对流云降水取样时间范围是 4—10 月，共计样本计 521 个。其中根据配套的三维超声风，剔除了环境风速大于 5m·s⁻¹ 的雨滴样本。强雨强定义为 $R > 10$ $\mathrm{mm \cdot h^{-1}}$。

4.3.2　短时强降水过程环流背景和中尺度对流系统特征

4.3.2.1　短时强降水过程精细化观测特征

应用新源国家基准自动气象站时间分辨率 5 min 观测降水量，分析两次短时强降水过程精细化特征。2020 年 8 月 2 日 22:35—8 月 3 日 02:30（以下简称"8·2"过程），新源站出现短时强降水天气，235 min 累积降水量为 15.9 mm，逐 5 min 降水具有明显阶段特征（图 4.17a），主要分为 4 个阶段，第一阶段 22:35—22:55，20 min 降水量为 4.3 mm，逐 5 min 降水量均在 0.8 mm·（5 min）⁻¹ 以上，其中最大 5 min 降水量出现在 22:40—22:45，达 1.5 mm。第二阶段 23:25—23:40，15 min 降水量为 1.7 mm，第三阶段 2 日 23:45—3 日 01:00，降水持续时间较前 2 个阶段时间长，降水量为 5.8 mm，最大 5 min 降水量为 0.7 mm，第四阶段 3 日 01:30—02:30 降水量为 3.8 mm，逐 5 min 降水量在 0.1~0.8 mm，降水持续时间约 1 h。

"8·18"过程新源站降水无阶段变化，主要发生于 20:30—22:10（图 4.17b），100 min 累积降水量达 14.9 mm，逐 5 min 降水量均大于 0.8 mm·（5 min）⁻¹，其中 21:25—21:30 和 21:30—21:35，5 min 降水量均达 1.3 mm·（5 min）⁻¹。两次过程累积降水量接近，"8·2"过程降水时间较"8·18"长、阶段性明显。新疆为干旱半干旱区，降水量级及标准比季风区显著偏小（杨莲梅 等，2020），日降水量 ≥12.1 mm 为大雨，小时降水量 90% 阈值为 2.3 mm，比例仅为 0.31%，小时降水量 99% 阈值为 7.9 mm，比例仅为 0.03%（杨霞 等，2020），可见这两次短时强降水在新疆区域为极端降水事件，分钟级观测比较好地反映新疆短时强降水过程的演变。通过 2DVD 观测降水量与自动气象站降水量一致较好。

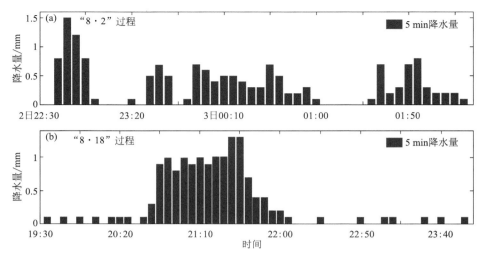

图 4.17 新源站 2020 年 8 月逐 5 min 降水量

(a)2 日 22:30—3 日 02:30;(b)18 日 19:30—24:00

4.3.2.2 短时强降水过程环流背景

2020 年 8 月 2 日 14:00 200 hPa 位势高度场,南亚高压中心位于青藏高原南侧且呈单体型分布,中亚为切断低涡,低涡前副热带西风急流强盛,最大风速达 45 m·s^{-1},伊犁河谷处于高空急流入口区左侧,高空强烈的辐散抽吸及槽前正涡度平流有利于垂直运动的发展,为短时强降水产生提供了有利动力条件(图 4.18a)。500 hPa 位势高度场,8 月 2 日 20:00 乌拉尔山高压脊东北伸,在巴尔喀什湖西侧切出一个中亚低涡,低涡主体偏西距离伊犁河谷较远,低涡主体未东移,仅前部平直西风气流上弱系统造成短时强降水(图 4.18b)。此次强降水期间 500 hPa 水汽输送量最大,有一条明显的西风水汽输送通道,此通道中心的水汽通量为 30～40 g·cm^{-1}·hPa^{-1}·s^{-1},将低涡本身的水汽输送至伊犁河谷(图 4.18c),同时在 700 hPa 也存在偏西和西南两条水汽输送通道,伊犁河谷处于水汽辐合区,中层和低层的水汽输送为强降水提供较充沛的水汽。强降水发生的 4 个阶段伊犁河谷东段降水区地面均存在 β 中尺度东北—西南风切变线并伴随短时强降水发生(图略),逐 5 min 地面风场观测能反映出 β 中尺度地面切变线演变,第一、二阶段降水中尺度切变线生命史约为 15～20 min,第三、四阶段降水中尺度切变线生命史较长,为 1～1.2 h,图 4.18d 为第三阶段短时强降水过程 23:50 地面中尺度切变线。

2020 年 8 月 18 日 14:00 200 hPa 位势高度场,南亚高压为单体型中心位于伊朗高原上空,里咸海—巴尔喀什湖为宽广切断低涡,涡前副热带西风急流强盛,最大风速达 60 m·s^{-1},伊犁河谷位于高空急流出口区右侧,高空强烈的辐散抽吸及槽前正涡度平流为短时强降水提供有利动力条件(图 4.19a)。500 hPa 位势高度场 18 日 20:00 里咸海—巴尔喀什湖为切断低涡,低涡主体东移造成短时强降水天气,强劲的西南风携带低涡本身和里咸海大量暖湿水汽向伊犁河谷输送(图 4.19b、c),伊犁河谷处于水汽汇集区,此通道中心的水汽通量为 60～70 g·cm^{-1}·hPa^{-1}·s^{-1},远比"8·2"过程强,700 hPa 也存在偏西和西南两条水汽输送通道(图略),中层和低层的水汽通道为强降水提供充沛水汽。8 月 18 日 20:00—22:30 在 700 hPa 和地面风场上伊犁河谷东侧

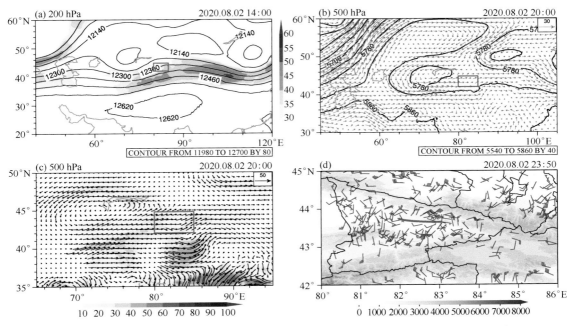

图 4.18　2020 年 8 月 2 日 14:00 200 hPa 位势高度场(单位:gpm)和急流区(阴影≥30 m·s⁻¹)(a);20:00 500 hPa 位势高度场(单位:gpm)和风场(单位:m·s⁻¹)(b);20:00 500 hPa 水汽通量矢量场(单位:g·cm⁻¹ hPa⁻¹ s⁻¹),红色矩形代表伊犁河谷地区(c);23:50 地面风场(单位:m·s⁻¹)和地形(阴影区,单位:m)(d)

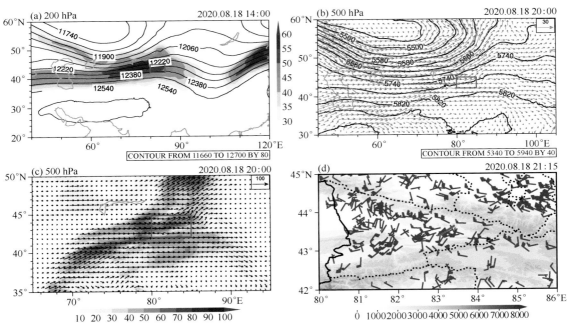

图 4.19　2020 年 8 月 18 日 14:00 200 hPa 位势高度场(单位:gpm)和急流区(阴影≥30 m·s⁻¹)(a);20:00 500 hPa 位势高度场(单位:gpm)和风场(单位:m·s⁻¹)(b);20:00 500 hPa 水汽通量矢量场(单位:g·cm⁻¹ hPa⁻¹ s⁻¹),红色矩形代表伊犁河谷地区(c);21:15 地面风场(单位:m·s⁻¹)和地形(阴影区,单位:m)(d)

降水区始终存在 β 中尺度南北风切变线(图略),由强降水期间 21:15 地面风场,可见存在西北风—西南风中尺度切变线伴随强降水的发生,降水结束切变线也随之消失。

应用 PWV 分析两次过程水汽演变特征,中亚低涡是造成"8·2"过程的天气尺度背景,其稳定维持于巴尔喀什湖以西附近打转,且距离降水区较远,低涡前部西风气流向伊犁河谷输送水汽,新源存在 2 次增湿过程,第一阶段降水前 2 d 缓慢增湿过程,PWV 比气候平均值增加约 5 mm,第二阶段为降水前 6 h 即 16:00—21:00,PWV 有一个快速增湿过程,5 h 增幅达 5.9 mm,新源 PWV 达到峰值 35 mm,为气候平均值的 1.6 倍,2 h 后出现短时强降水(图 4.20a)。伊宁站位于伊犁河谷西端,在新源站以西约 200 km,伊宁站 PWV 峰值出现时间较新源站早 3 h,且伊宁 PWV 略大于新源,表明水汽向东输送过程中有所减弱。"8·18"过程低涡缓慢东移,降水前 12 h 西南气流突然增强,伊犁河谷开始增湿,伊宁站和新源站出现一次快速增湿过程,伊宁站峰值出现时间较新源站早 3 h(图 4.20b),新源站 18 日 06:00—20:00 PWV 由 20.2 mm 增至 35.7 mm,增幅达 13.5 mm,随后出现短时降水天气(图 4.20b)。两次过程水汽都表现自西向东输送,西部的伊宁站 PWV 峰值出现时间较新源站早 3 h,偏西水汽输送为新源短时强降水提供了充沛的水汽,由于影响系统差异使得"8·18"过程增湿过程较"8·2"过程短,但增湿幅度和 PWV 峰值更大。

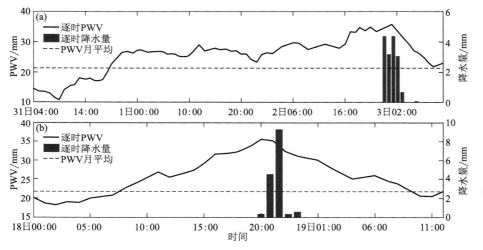

图 4.20 新源站 PWV 与降水量逐时演变

(a)"8·2"过程;(b)"8·18"过程

4.3.3 短时强降水过程中尺度对流系统

造成两次降水的中尺度云团具有明显差异(图 4.21),"8·2"过程由于低涡主体偏西,中尺度对流云团(MCS)在其前部西风气流中产生,呈 β 中尺度孤立对流单体(图 4.21a),该云团于 21:30 生成,生成时 TBB 中心值即达 −40 ℃,在降水区西侧稳定维持,云团快速发展,TBB 为 −32 ℃、−36 ℃和 −40 ℃云团面积同时增加(图 4.21c),约 1 h 后第一阶段短时强降水发生,23:00 MCS 发展至强盛期,并维持约 0.5 h,但此阶段 −40 ℃面积却开始减弱,3 日 00:00 MCS 开始迅速减弱,−40 ℃云团几乎减弱为无,至 00:30 TBB 为 −36 ℃云团也几乎减弱为无,但此 MCS 减弱阶段则产生第二、三、四阶段降水,降水始终发生在 MCS 东侧 TBB 梯度大值区,3 日 02:00 云团基本消散,降水也随之结束。

"8·18"过程为中亚低涡系统东移的冷锋云系中发展出 MCS 造成(图 4.21b),降水发生在 MCS 东南侧 TBB 梯度大值区,MCS 于 18 日 20:00 生成(图 4.21d),此时云团尺度很小且TBB 最低值仅为 −36 ℃,随后 MCS 快速发展,降水于 22:35 开始,MCS 于 22:30 达到强盛,其中仅 21:00—22:30 出现面积很小的 −40 ℃ 云团,降水发生于 MCS 快速发展期,强盛期及以后则无降水,18 日 24:00 MCS 减弱消失,可见孤立对流单体和冷锋云系中发展的中尺度对流系统造成的降水有显著差异,前者在 MCS 整个生命史均造成短时强降水且阶段性明显,后者仅在 MCS 快速发展期造成强降水阶段性不明显,降水均发生于 MCS 东南侧 TBB 梯度大值区。

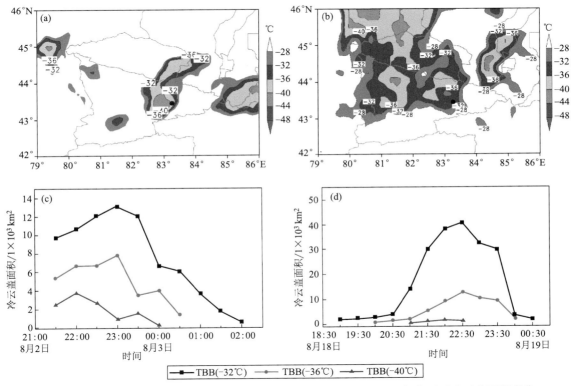

图 4.21　FY-2G 卫星观测(图中 "·" 为伊犁州新源气象站)不同 TBB 阈值逐时冷云盖面积变化
(a)8 月 3 日 00:00;(b)8 月 18 日 21:30;(c)8 月 2—3 日;(d)8 月 18—19 日

4.3.4　两次短时强降水过程雨滴谱特征

从上述分析看,2 次短时强降水天气均是由 β 中尺度对流系统造成,5 min 降水量也较强,该地区无雷达探测,一般认为短时强降水由对流云降水造成。同时,西天山地区属于干旱气候区,对于 Chen 等(2013)提出的层状云、对流云提出的降水分类方法可能并不适用于本地,正在进行本地层云和对流云降水分类标准工作,本节聚焦于 2 次短时强降水天气雨滴谱特征,选择 $R > 10\ m \cdot h^{-1}$ 的强降水时段统计其雨滴谱特征。

短时强降水时受大风及雨滴溅射的影响,造成 2DVD 探测数据出现误差,对实测降水粒子进行质量控制,图 4.22 上下的红线是(Wen et al.,2018)提出的质量控制线,对误差较大的数据进行滤除。2DVD 直接测量两次降水过程的下落末速度 V 与粒子直径 D_m 关系(V-D 关系)见图 4.22,"8·2"降水过程粒子分布在 Brandes 等(2003)提出的雨的下落末速度经验公式轴上,雨的下落末速度分布集中,D_m<2.0 mm 粒子频数高,同时 D_m>2.0 mm 粒子频数远高于"8·18"过程,最大的降水粒子直径接近 6 mm。"8·18"过程粒子下落末速度分布分散,D_m<2.0 mm 粒子频数也较高,降水粒子最大不超过 4 mm。

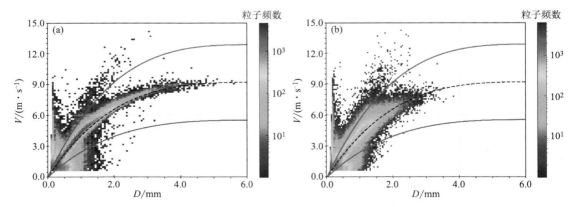

图 4.22 2DVD 观测的 V-D 关系,红色实线为 2DVD 数据质控线,
黑色虚线为 Brands 等(2003)雨滴下落末速度经验公式
(a)"8·2"过程;(b)"8·18"过程

两次短时强降水对流云降水样本为 341 个,$\log_{10}N_w$-D_m 分布见图 4.23,"8·2"过程粒子谱分布广,既有 D_m 接近 3.5 mm、$\log_{10}N_w$ 为 2 mm^{-1}·m^{-3} 的超大粒子、低浓度的降雨样本,又有 D_m 为 1.1 mm、$\log_{10}N_w$ 接近 4 mm^{-1}·m^{-3} 的小粒子、高浓度的降雨样本,对流降水粒子 D_m 更多为 1.2~1.8 mm 和 $\log_{10}N_w$ 为 3.2~4.1 mm^{-1}·m^{-3}。"8·18"过程粒子谱分布相对集中于两个区域,最大 D_m 仅为 2.2 mm,最大 $\log_{10}N_w$ 为 4.1 mm^{-1}·m^{-3},降水粒子 D_m

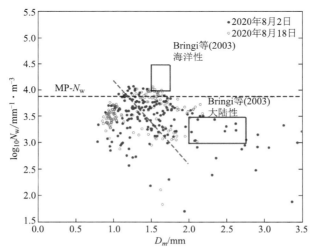

图 4.23 "8·2"过程(蓝色实心圆)和"8·18"过程(绿色空心圆)$\log_{10}N_w$-D_m 分布。黑色框为
Bringi 等(2003)定义的海洋性和大陆性对流落区,紫色虚线为层云与对流云降水分界线

主要集中于 $0.8 \sim 1.0$ mm 和 $\log_{10} N_w$ 为 $3.3 \sim 3.8$ $\text{mm}^{-1} \cdot \text{m}^{-3}$，以及 D_m 为 $1.4 \sim 1.7$ mm 和 $\log_{10} N_w$ 为 $3.8 \sim 4.0$ $\text{mm}^{-1} \cdot \text{m}^{-3}$，大多数粒子与"8·2"过程比粒子小、浓度相当。

　　"8·2"过程不同直径粒子浓度分布时间序列见图 4.24a，8 月 2 日 22:40 及 22:50 左右，出现 >30 $\text{mm} \cdot \text{h}^{-1}$ 降水，均有超过 5 mm 粒子，同时存在高频数直径小于 0.5 mm 的粒子；23:30 左右，出现雨强 >10 $\text{mm} \cdot \text{h}^{-1}$ 的降水，第一个峰值是由更多 D_m 为 $1 \sim 2$ mm 粒子贡献，第二个峰值，是由少量 D_m 超过 4 mm 粒子外加高频数直径小于 0.5 mm 粒子贡献；8 月 2 日 23:40—8 月 3 日 01:00，偶有雨强超过 5 $\text{mm} \cdot \text{h}^{-1}$ 的降水，主要是由 D_m 为 1.5 mm 左右的粒子贡献，但同时 D_m 小于 0.5 mm 的粒子数量增多；8 月 3 日 01:30—02:30 降水结束阶段，雨强 >10 $\text{mm} \cdot \text{h}^{-1}$ 的降水粒子的组成与开始降水相似，即都存在大粒子和高频数的小粒子，这是由于高空中更大雨滴在下落过程破碎生成一部分大粒子和更多小粒子。8 月 18 日 19:20—20:30（图 4.24b），雨强在 1 $\text{mm} \cdot \text{h}^{-1}$ 左右，主要由 D_m 为 0.8 mm 左右的粒子组成，频数接近 10^3；20:30—21:25，雨强 >10 $\text{mm} \cdot \text{h}^{-1}$ 强降水主要由直径 1.5 mm 左右粒子贡献（表 4.3），最大 D_m 为 2 mm 左右，同时也伴随高频数的 0.5 mm 左右粒子；20:30 左右雨强达到 20 $\text{mm} \cdot \text{h}^{-1}$，其粒子构成与"8·2"过程强降水时段相似。

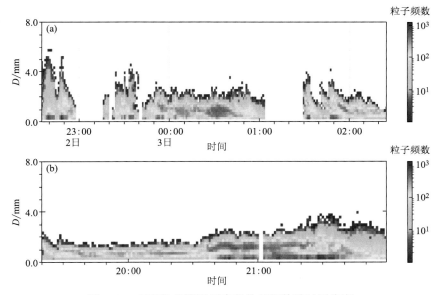

图 4.24　2DVD 观测不同直径粒子频数随时间演变

(a)"8·2"过程；(b)"8·18"过程

　　两次降水过程总的雨滴谱分布见图 4.25，"8·2"过程 D_m 为 1 mm 粒子浓度最大，"8·18"过程 D_m 为 1.2 mm 粒子浓度最大，"8·2"过程 $D_m < 2$ mm 粒子浓度略低，但 $D_m > 2$ mm 的粒子浓度远高于"8·18"过程，粒子最大直径达 5 mm，而"8·18"过程粒子最大直径约为 3.8 mm，两次降水过程粒子差异主要表现在 $D_m > 2$ mm 的粒子大小和浓度。雨强 >10 $\text{mm} \cdot \text{h}^{-1}$ 样本的雨滴谱分布见图 4.25b，两次过程强降水时段均表现为随着 $D_m > 1.2$ mm 粒子的直径增大浓度均表现为迅速减小特征，同时两次过程在 D_m 为 0.6 mm 左右时粒子浓度相对低，D_m 为 1.2 mm 左右时粒子浓度均为最高，"8·2"过程 $D_m < 2$ mm 粒子浓度小于"8·18"过程，$D_m > 2$ mm 的粒子浓度远高于"8·18"过程，粒子最大直径也大于"8·2"过程，虽然都是短时强降水过程,但雨滴谱分布有较大差异。

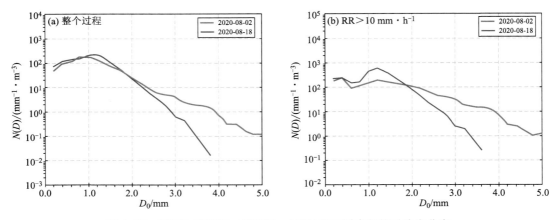

图 4.25 2DVD 观测"8·2"和"8·18"过程不同直径粒子浓度分布
(a)整个过程;(b)雨强＞10 mm·h⁻¹

以雨滴粒子直径(D_m)＜1 mm、1～2 mm、2～3 mm、3～4 mm、4～5 mm 和≥5 mm 分析各档粒子对降水量的贡献和所占频数,通过直接观测的每个粒子计算各档粒子对降水量的贡献和频数占比。由表 4.3 可见,"8·2"过程雨滴粒子直径(D_m)＜1 mm、1～2 mm、2～3 mm、3～4 mm、4～5 mm 和≥5 mm 粒子对降水量的贡献分别为 14.08％、52.67％、19.71％、10.52％、2.61％和 0.41％,可见 D_m＜2 mm 粒子对降水量贡献达 66.75％,D_m≥2 mm 粒子对降水量贡献为 33.25％,D_m＜1 mm 和 1～2 mm 粒子所占频数分别为 70.1％和 27.54％,最大粒子大于 5 mm。而"8·18"过程 D_m＜1 mm、1～2 mm、2～3 mm 和 3～4 mm 粒子对降水量的贡献分别为 14.35％、71.99％、12.83％和 0.84％,D_m＜2 mm 粒子对降水量贡献达 86.34％,D_m≥2 mm 粒子对降水量贡献仅为 13.67％,D_m＜1 mm 和 1～2 mm 粒子所占频数为 67.87％和 30.97％,最大粒子仅达 4 mm。两次过程 D_m＜2 mm 的粒子所占频数约为 97％,两次短时强降水小粒子频数占绝大多数,"8·2"过程 D_m≥2 mm 直径的粒子对降水量的贡献不容忽视,可达 33.25％,而"8·18"过程 D_m 为 1～2 mm 的粒子对降水量的贡献为主。

表 4.3 "8·2"过程与"8·18"过程不同直径的粒子对降水量及频数占比

D_m/mm		D_m＜1	1≤D_m＜2	2≤D_m＜3	3≤D_m＜4	4≤D_m＜5	D_m≥5
降水量贡献	"8·2"过程	14.08％	52.67％	19.71％	10.52％	2.61％	0.41％
	"8·18"过程	14.35％	71.99％	12.83％	0.84％	—	—
频数占比	"8·2"过程	70.1％	27.54％	1.97％	0.35％	0.041％	0.004％
	"8·18"过程	67.87％	30.97％	1.13％	0.026％	—	—

两次短时强降水过程＞10 mm·h⁻¹ 时段表现出显著的雨强、粒子大小和偏振量特征差异(表 4.4),"8·2"过程 Z_H、K_{DP}、Z_{DR} 平均值和最大值明显大于"8·18"过程,这是由于"8·2"过程强降雨时段雨强大、粒子大,且有一定比例大粒子,根据雷达反射率公式,粒子越大反射率越大、也更扁,故此时 Z_H、Z_{DR} 和 K_{DP} 大,＞10 mm·h⁻¹ 强雨强时段 Z_H、Z_{DR}、K_{DP} 平均值为 34.52 dBZ、1.16 dB、0.4(°)·km⁻¹,对于雨强＜10 mm·h⁻¹ 的降水样本,Z_H 在 25 dBZ 左

右，Z_{DR} 趋于 1 dB，K_{DP} 很小，雨强达 30 mm·h⁻¹ 强降水时段，水平反射率 Z_H 达到最大值 47.58 dBZ，同时差分反射率 Z_{DR} 达到 1.38 dB，其差分相移率 K_{DP} 也达到 1.43(°)·km⁻¹，这是由于此时观测数据中存在直径超过 5 mm 的粒子，"8·2"过程雨强越强其偏振量特征越显著，雨强<10 mm·h⁻¹ 的降水时段其偏振量值很小。而"8·18"过程>10 mm·h⁻¹ 时段 D_m 相对小、雨强相对弱，Z_H、K_{DP}、Z_{DR} 平均值分别为 19.13 dBZ、1.04 dB、0.03(°)·km⁻¹，强雨强降水 Z_H、Z_{DR}、K_{DP} 的极大值分别为 37.0 dBZ、1.11 dB、0.23(°)·km⁻¹。19:20—20:35 为层云降水，偏振量特征不明显，Z_H 维持 15 dBZ 左右，Z_{DR} 为 1 dB，K_{DP} 为 0(°)·km⁻¹。新疆近期开展 C 波段双偏振雷达升级改造工程，为探索适应本地业务化的雷达降水估测关系，提高雷达临近预报的准确度，亟需提高对本地对流性降水粒子特征的认识，才能设计出适合本地的偏振量拟合关系，最终提高雷达定量估测降水的精度。

表 4.4　"8·2"过程与"8·18"过程>10 mm·h⁻¹ 雨强时段微物理量的平均和最大偏振量

		$R/(\mathrm{mm·h^{-1}})$	D_m/mm	Z_H/dBZ	Z_{DR}/dB	$K_{DP}/((°)\mathrm{·km^{-1}})$
平均	"8·2"过程	16.67	2.62	34.52	1.16	0.4
	"8·18"过程	13.12	1.86	19.13	1.04	0.03
最大	"8·2"过程	31.51	3.65	47.58	1.38	1.43
	"8·18"过程	20.23	2.18	37.0	1.11	0.23

4.3.5　西天山对流性降水定量降水估测（Quantitative precipitation estimation，QPE）

2020—2021 年西天山对流性降水及中国北部的北京、东部的南京和中部的湖北的 $\log_{10} N_w$-D_m 分布见图 4.26，位于中国西部的西天山地区处于干旱区，2020 年和 2021 年对流性降水粒子直径和数浓度差异很大，2020 年 $\log_{10} N_w$-D_m 分布相对集中，对流性降水粒子直径偏小、数浓度偏大，以小于 3 mm 粒子为主，$\log_{10} N_w$ 为 3.0～4.3 mm⁻¹·m⁻³，而 2021 年则降水粒子直径偏大、数浓度偏小，有较多大于 3 mm 粒子，其 $\log_{10} N_w$ 为 1.5～2.0 mm⁻¹·m⁻³，

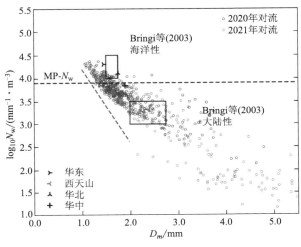

图 4.26　2020 年（蓝色空心圆）、2021 年（绿色空心圆）对流降水 $\log_{10} N_w$-D_m 分布。
两个黑色框为 Bringi 等（2003）定义的海洋性和大陆性对流落区。品红色虚线
为 Bringi 等（2003）层云与对流云降水分界线。黑色标记为对流降水平均值

可见干旱区对流性降水微物理特征年际变化大,可能与水汽条件和动力条件有关,也可能与不同对流风暴系统有关,需要应用更多降水样本研究其差异的原因。与北京 6—10 月(Wen et al.,2017)、湖北梅雨季(Fu et al.,2020)和南京梅雨季(Wen et al.,2016)相比较而言,西天山地区对流性降水粒子平均直径偏大但浓度偏低,D_m 平均值为 2.39 mm,$\log_{10} N_w$ 平均值为 3.32 mm^{-1} · m^{-3},落在大陆性对流降水区,可见干旱区天山短时强降水雨滴粒子直径和浓度表现出区域特点。

DSD 的时空变化是 $R(Z_H)$ 关系变化的主要因素。由于降水遥感探测精度有限且受 DSD 变化和样本误差的影响,研究人员开始转向可以提供额外观测参数的双偏振雷达探测。最近的研究表明基于水平反射率 Z_H(dBZ)和差分反射率 Z_{DR}(dB)对降水估计算法对粒子直径变化比较敏感,基于差分相移率 K_{DP}(deg · km^{-1})的降水估计算法对于 W 的变化敏感,适用于强降水,这些信息可以显著提高单纯从雷达反射率计算的降水估计精度(Wen et al.,2016)。本研究通过 2DVD 的观测数据利用 $\boldsymbol{T}$ 矩阵计算出偏振雷达参数 Z_H、Z_{DR} 及 K_{DP},得到 $R(Z_H)$、$R(K_{DP})$、$R(Z_H, Z_{DR})$、$R(K_{DP}, Z_{DR})$ 的最小二乘拟合,其中 Z_H 取值区间为 $10^{1.5} \sim 10^{5.6}$ mm^6 · m^{-3},而 Z_{DR} 为 0.1~3 dB,Z_H 及 Z_{DR} 是线性关系。对流降雨的雨强约为 10 mm · h^{-1},平均 Z_H 为 36 dBZ。

图 4.27 表明 $R(Z_H)$、$R(K_{DP})$、$R(Z_H, Z_{DR})$ 和 $R(K_{DP}, Z_{DR})$ 的拟合关系具有一定高相关性,其相关系数分别为 0.6876、0.7763、0.8136 和 0.8151,QPE 的偏振量关系拟合关系为:$R(Z_H) = 1.1508 Z_H^{0.2708}$、$R(K_{DP}) = 21.846 K_{DP}^{0.4547}$、$R(Z_H, Z_{DR}) = 0.6437 Z_H^{0.6182} Z_{DR}^{-9.4985}$ 和 $R(K_{DP}, Z_{DR}) = 71.2478 K_{DP}^{0.6161} Z_{DR}^{-3.6602}$。$Z_H$ 单位为 mm^6 · m^{-3},Z_{DR} 无量纲。受制于西天山地区对流性降水强度偏弱、频次低及至少具有两类对流降水的原因,相关系数较小,但加入偏振量的 $R(Z_H, Z_{DR})$、$R(K_{DP}, Z_{DR})$ 关系拟合明显好于 $R(Z_H)$、$R(K_{DP})$ 关系,相关系数明显提高,方差和均方根误差均有明显减小,这是因为 $R(K_{DP})$ 对于 10 mm · h^{-1} 以下的降水不太敏感。$R(Z_H)$ 关系受 DSD 影响很大,而 DSD 在不同类型降水、不同气候区和地形都有很大时空变化。$R(Z_H, Z_{DR})$ 关系比 $R(Z_H)$ 关系的优势就在于 Z_{DR} 能够近似地反映降水 DSD 导出的中值粒径 D_0 的信息,$R(K_{DP})$ 关系及 $R(K_{DP}, Z_{DR})$ 关系中引入 K_{DP} 变量对于降雨率的变化敏感,这些都可以降低 DSD 变化对降水估计的影响,也就是说在不需要进行降水分类的情况下,双偏振雷达变量的加入可以有效地提高雷达定量降水估计精度。从上述两次短时强降水雨滴谱分析可知,西天山对流性降水样本中含有两种微物理特征差异显著的降水,对于拟合的效果影响大,为更精准进行雷达定量降水估测,需进行降水分类开展新疆本地定量降水估测工作。

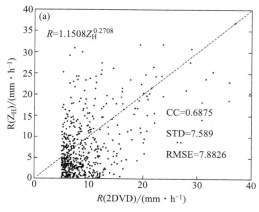
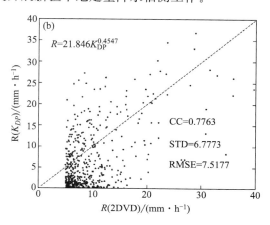

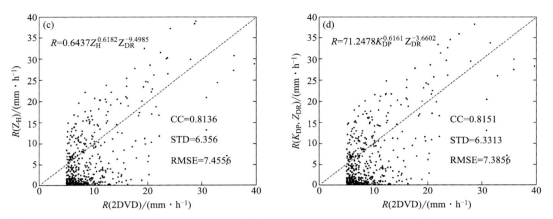

图 4.27　2DVD 观测的分钟雨强与估算降水量,CC 表示相关系数,STD 表示方差,RMSE 均方差误差
(a)$R(Z_H)$关系;(b)$R(K_{DP})$关系;(c)$R(Z_H,Z_{DR})$关系;(d)$R(K_{DP},Z_{DR})$关系

4.3.6　小结与讨论

(1)两次短时强降水过程均是在有利的中亚低涡背景下产生的,"8·2"过程由低涡前部西风气流中孤立 β 中尺度对流云团造成,降水阶段性强,主要分为四个阶段,前两个阶段分别为 15~20 min,后两个阶段分别约为 1 h,水汽源自低涡本身,水汽输送和辐合相对弱,"8·18"过程持续 100 min 阶段性弱,由层云中生成 β 中尺度对流云团造成,水汽不仅来自于低涡而且还有新疆以外充沛水汽输送。

(2)两次短时降水天气表现出明显的微物理特征差异。两次过程 $D_m<2$ mm 的粒子占比均在 97% 左右,即降水过程小粒子占绝大多数。"8.2"过程 $D_m<2$ mm 粒子对降水量贡献达 66.75%,$D_m\geqslant2$ mm 粒子对降水量贡献达 33.25%,出现 $D_m\geqslant4$ mm 粒子,对流降水雨滴谱分散;而"8·18"过程 $D_m<2$ mm 粒子对降水量贡献达 86.34%,D_m 为 1~2 mm 的粒子对降水量的贡献为主达 71.99%,且无$\geqslant4$ mm 粒子,对流降水雨滴谱相对集中且 $D_m<2$ mm 粒子浓度远低于"8·2"过程,对流降水大部分粒子浓度大体相当,但粒径偏小,Z_H、K_{DP}、Z_{DR} 平均值和最大值均较"8·2"过程明显偏小。

(3)与季风区降水比西天山地区对流性降水粒子平均直径偏大但浓度偏低,D_m 平均值为 2.39 mm,$\log_{10}N_w$ 平均值为 3.32 mm^{-1}·m^{-3},落在大陆性对流降水区,雨强约为 10 mm·h^{-1},平均 Z_H 为 36 dBZ,Z_{DR} 和 K_{DP} 比季风区对流降水明显偏小,加入偏振量的 $R(Z_H,Z_{DR})$、$R(K_{DP},Z_{DR})$关系拟合效果明显好于 $R(Z_H)$、$R(K_{DP})$关系。

对于西天山地区偏振量的降水估测关系引入对于 QPE 精度有明显提高,但与此同时还需根据对西天山地区两种类型的对流性降水首先进行大致识别再建立相对应的偏振量估测关系,从而设计出不同降水类型、不同水平反射率下的 QPE 降水估测方案,这对于新疆地区双偏振雷达监测预报精度的提高很有意义,也是下一步要开展的工作。

第 5 章　基于 GPS/MET 大气水汽
观测仪的大气水汽时空分布特征

地基 GPS 遥感大气水汽技术是 20 世纪 90 年代发展起来的一种全新的大气观测手段。应用 GPS 技术遥感大气水汽总量,可为天气和气候模式提供重要的水汽信息(丁金才 等,2006;李成才 等,1998),从而更好诊断分析暴雨期间水汽精细变化。已有研究表明(李延兴等,2001;曹云昌 等,2005;杨晓霞 等,2012;张端禹 等,2010),地基 GPS 大气水汽总量与天气系统和降水过程中水汽的演变存在密切的关系,并且水汽前期演变对降水的产生具有一定的指示意义。大气可降水量(GPS-PWV)与降水过程关系密切,且降水量与大气水汽总量激增有较好关系,当 GPS-PWV 超过一定阈值后,对应地面会有降水发生。目前,新疆地区共有 67 部地基 GPS 水汽探测仪,为开展干旱、半干旱的新疆地区大气可降水量相关研究提供了连续、稳定的数据基础。本章将重点阐述大气可降水量时空分布特征、大气可降水量与降水关系及极端强降水天气过程水汽输送和可降水量演变特征相关研究进展成果。

5.1　大气可降水量时空分布特征

5.1.1　新疆地区 PWV 年、季和月变化特征

通过分析新疆地区地基 GPS-PWV 年分布图发现(图 5.1a),新疆地区水汽大值区主要集中于北疆西部和南疆西部地区,PWV 年平均值达 12 mm 以上,南疆塔里木盆地水汽次之,PWV 年平均值为 8~12 mm,天山山区、南疆西部山区、北疆阿勒泰山区站点 PWV 相对较小(4~8 mm),结合各站海拔高度分析发现(图 5.1b),测站海拔高度与 PWV 年平均值基本成反比,测站海拔高度越高,PWV 越低,海拔超过 1500 m 测站(除和田站外)PWV 年平均值均在 9 mm 以下。

图 5.2 为新疆地区大气可降水量(PWV)季节分布图,图中可以看出,春季 PWV 大值区集中在北疆偏西地区(区域 B)和阿克苏北部,而其余地区 PWV 值均在 8 mm 左右;夏季随着地表蒸发和降水的增多,PWV 大值区在北疆偏西地区(区域 B)和南疆大部分地区(区域 E、F),夏季南疆沙漠地区大气可降水量高值区也说明了干旱、半干旱地区降水更依赖于大气动力、热力条件。秋季北疆偏西地区(区域 B)仍为 PWV 大值区控制,而南疆 PWV 大值区范围已由南疆大部分地区(夏季)缩小至南疆西部地区(区域 E),冬季 PWV 大值区集中在北疆偏西地区(区域 B)。综合分析发现,北疆西部地区在春、夏、秋、冬四季中均为 PWV 大值区控制,南疆地区 PWV 大值区范围在夏季达到最大,控制南疆大部分地区(除南疆西部山区外),PWV 平均值达 20 mm,秋季 PWV 大值区范围主要集中在南疆西部。其余地区(区域 A、C、D)在一年四季 PWV 均处于相对较小值。

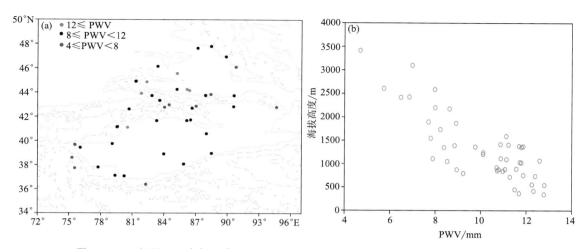

图 5.1　(a)新疆地区大气可降水量年分布图,灰色虚线代表海拔 1500 m 和 3000 m;
(b)PWV 和测站海拔高度分布图

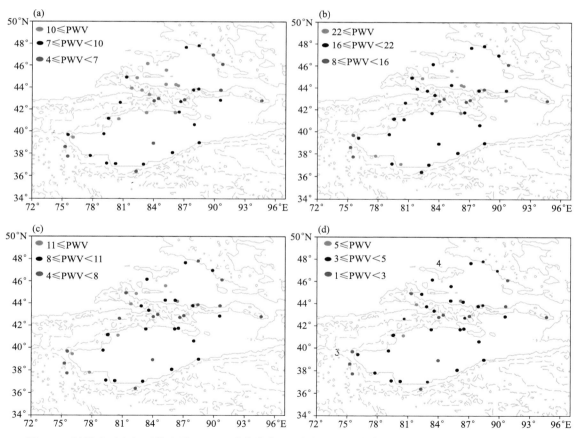

图 5.2　新疆地区大气可降水量(PWV)季节分布图(单位:mm),灰色虚线代表海拔 1500 m 和 3000 m
(a)春季;(b)夏季;(c)秋季;(d)冬季

图 5.3 为新疆地区 2018 年 7 月—2021 年 6 月 PWV 降水量月变化图,图 5.3 中可以看出新疆各区域 PWV 均存在显著的季节性变化特征,各地区 PWV 月变化呈单峰型分布,其中北疆地区(区域 A、B、C)PWV 值 4 月前缓慢上升(图 5.3a),随后快速增长,7 月达到峰值(19.0～21.5 mm),随后迅速减小,东疆(区域 D)和南疆地区(区域 E 和 F)PWV 值 5 月前缓慢上升(图 5.3b),东疆地区 7 月达到峰值(20.9 mm),南疆西部 PWV 8 月达到峰值 19.3 mm,南疆东部地区 7—8 月 PWV 均达到峰值,峰值分别为 22.1 mm 和 22.3 mm。全疆各地 PWV 达到峰值后迅速减小,在 11 月降至 5 mm 附近,隆冬期间(12 月—次年 2 月)各地 PWV 变幅不大,PWV 值在 5 mm 内。

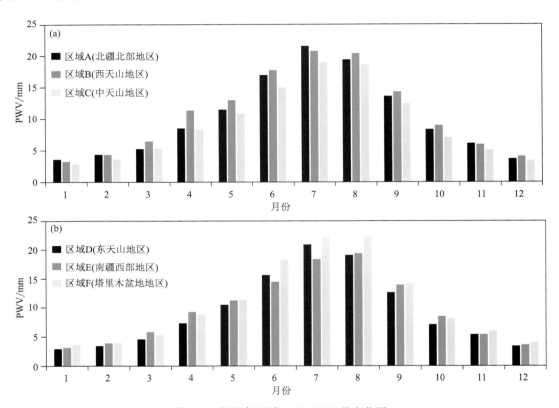

图 5.3　新疆各区域 GPS-PWV 月变化图

5.1.2　西天山地区 PWV 时空分布特征

通过上文分析发现,伊犁河谷一年四季均处于 PWV 大值区,下文选取伊犁河谷作为研究区域,进一步分析该区域大气可降水量时空分布特征。

5.1.2.1　研究区概况

伊犁河谷地处 80°09′—84°56′E、42°14′—44°50′N,东西长 360 km、南北最宽处 275 km,面积 5.64×10^4 km²,位于中国天山山脉西部,北、东、南三面环山,构成"三山夹两谷"的地貌轮廓(图 5.4),河谷气候温和湿润,年降水量 349.9 mm,是新疆最湿润的地区,既是新疆暴雨的频发区之一,也是洪水和泥石流高发区。

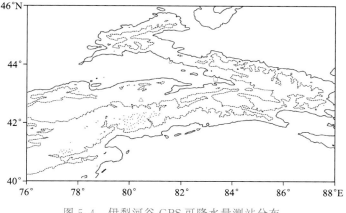

图 5.4　伊犁河谷 GPS 可降水量测站分布

（○代表伊宁县站,△代表昭苏天山乡站,□代表新源站,黑色实线、短虚线和点线分别代表海拔 1500 m、3000 m 和 4500 m 地形）

5.1.2.2　伊犁河谷 PWV 时间变化特征

图 5.5 为各站测站 2016 年 3 月—2017 年 2 月 PWV、同期降水量和 1986—2015 年多年平均降水量(以下简称"历年平均降水量")月变化,伊犁河谷 PWV 存在显著的季节性变化特征,各站 PWV 月变化呈单峰型分布,4 月前缓慢上升,随后快速增长,7 月达到峰值(19.4～27.7 mm),随后迅速减小,10 月降至 10 mm 附近,之后缓慢减小,次年 1—2 月河谷各站 PWV 变幅不大,变幅在 1 mm 内。另外结合各站海拔高度分析发现,测站海拔高度与 PWV 值基本成反比,测站海拔高度越高,PWV 越低。另外对比发现各站 2016 年月降水量较历年平均月降水量明显偏多,且呈现双峰值特征,其中伊宁站(除 7 月外)和新源站(除 6 月)2—9 月 PWV 与同期降水量变化特征较一致,10—12 月 PWV 与同期降水量变化呈反向,PWV 缓

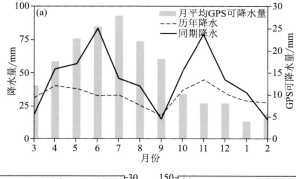

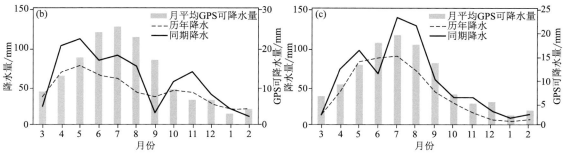

图 5.5　伊宁县站(a)、新源站(b)、昭苏天山乡站(c)2016 年 3 月—
2017 年 2 月 PWV、降水量及历年平均降水量的月变化

慢减小,而降水量明显增多,这可能是由于秋末和初冬,受中高纬度活跃的低值系统影响,在地形辐合抬升和有利的动、热力条件下,冷暖交汇剧烈,能够产生强降水。昭苏天山乡站位于天山山区,海拔高度高,冬季降雪较少,除 6 月外,2016 年昭苏天山乡站 3 月—次年 2 月 PWV 与同期降水量变化特征较一致。

充沛的水汽是降水产生的重要条件。多数情况下,降水发生前大气可降水量均存在明显的跃升,降水期间,大气可降水量维持在较高值。从伊宁县站 2016 年 3 月—2017 年 2 月日均 PWV 及日降水量变化图(图 5.6)中可以发现,日均 PWV 曲线总体呈现出波动性先增后减趋势,6—8 月波动较大。随着 PWV 急剧增加后,出现了 20 次较明显的降水过程,其中 7 次强降雨过程(日降水量≥12.1 mm)和 13 次大雪及以上过程(日降雪量≥6.1 mm)。

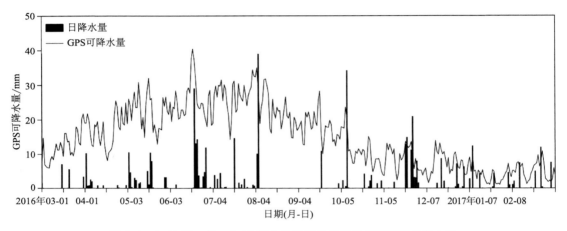

图 5.6　2016 年 3 月—2017 年 2 月伊宁县日平均 PWV 和日降水量

为了得到伊犁河谷四季 PWV 日变化特征,分别对各站四季 PWV 进行平均后得到其日变化序列(图 5.7),可以看出,春季各站 PWV 日变化呈双峰型特征,伊宁站和新源站 PWV 在10:00 前后达到最低,之后缓慢上升,昭苏天山乡站 07:00 前 PWV 维持较低值,22:00 PWV达到最低,随后逐渐上升。各站 PWV 于 17:00 前后达到峰值,随后略有回落,00:00 前后各站PWV 再次出现峰值;夏季昭苏天山乡站和新源站 PWV 在 05:00 前后达到最低,随后快速上升,PWV 分别在 11:00 和 13:00 前后出现峰值,随后一直维持高值到 16:00,而伊宁站 PWV低值持续到 15:00,其开始上升时间相对较晚,PWV 10:00—15:00 变化较小,16:00 达到峰值。三站峰值出现时间差异可能与各站所处纬度有关;各站 16:00 后 PWV 略有回落,20:00前后再次达到峰值,但较午后峰值明显减小。秋季昭苏天山乡和伊宁县站 PWV 日变化呈双峰型特征,峰值出现在 12:00 前后和 21:00 前后,谷值出现在 05:00,而新源站 PWV 日变化曲线呈单峰型特征,峰值出现在 07:00,谷值出现在 21:00;冬季 PWV 日变化均呈单峰型特征,新源站 PWV 峰值出现在 00:00,昭苏天山乡和伊宁县站 PWV 峰值出现在 15:00 前后。对各站四季 PWV 距平日变化进行显著性分析发现,除昭苏天山乡站春季和冬季外,各站四季PWV 距平日变化均通过 0.01 的显著性检验。

另外结合各站海拔高度发现,夏季海拔最高的昭苏天山乡站 PWV 日变化范围最大(3.98 mm),其次是新源站为 3.45 mm,海拔最低的伊宁站 PWV 日变化范围最小为 1.65 mm,这表明随着测站海拔高度的增加,PWV 日变化幅度逐渐增大,这与西藏中东部夏季可降水量

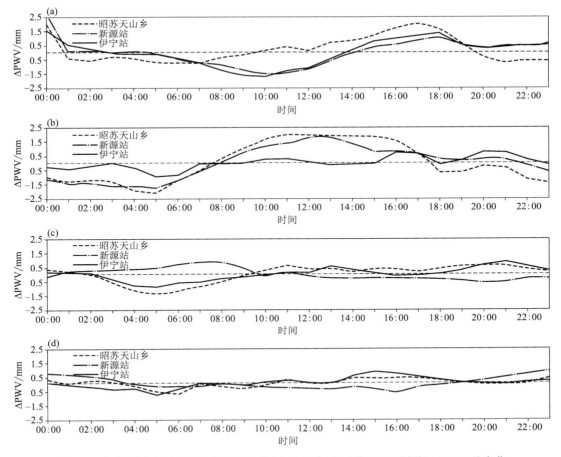

图 5.7　伊犁河谷春季(a)、夏季(b)、秋季(c)和冬季(d)平均 PWV 距平(ΔPWV)日变化

日变化特征有所不同,可能是由于夏季伊犁河谷山区降水日数较海拔低的地区偏多,阵性降水过程迅速,水汽快速汇集导致 PWV 变化幅度较大。

综合上述分析发现,各站春季和夏季 PWV 日变化曲线呈现不同程度的双峰型特征,春季各站峰值出现在 17:00 和 00:00 前后,较夏季双峰值出现时间晚 2～4 h。秋季新源站 PWV 日变化曲线呈单峰型特征,峰值出现在 07:00,昭苏天山乡和伊宁两站 PWV 双峰值分别出现在 12:00 和 21:00 前后;冬季各站 PWV 日变化曲线均呈单峰型特征。

5.1.3　小结

(1)新疆地区年平均 PWV 大值区主要集中于西天山地区,塔里木盆地水汽次之,山区站点 PWV 相对较小;测站海拔高度与 PWV 年平均值基本成反比。春季和秋季各区域 PWV 大值区集中在西天山地区和天山南脉地区,夏季随着地表蒸发和降水的增多,塔里木盆地也逐渐成为 PWV 大值区,冬季 PWV 大值区集中在西天山地区。各区域 PWV 月变化呈单峰型分布。

(2)伊犁河谷 PWV 存在显著的季节性变化,各站 PWV 月变化呈单峰型分布,4 月前缓升,随后快速增长,7 月达到峰值,其中伊宁县站 2—9 月(除 7 月)PWV 与同期降水量变化一致,10—12 月呈反向,PWV 减小,降水量增多。

（3）伊犁河谷各站春、夏季 PWV 日变化呈现双峰型特征，春季各站 PWV 峰值出现在 17:00 和 00:00 前后，较夏季峰值出现时间晚 2～4 h；秋季新源站 PWV 日变化呈单峰型特征，峰值出现在 07:00，其他站 PWV 日变化呈双峰型特征，峰值分别出现在 12:00 和 21:00 前后；冬季各站 PWV 日变化曲线均呈单峰型特征。随着测站海拔高度的增加，PWV 日变化幅度逐渐增大。

5.2 大气可降水量与降水的关系

5.2.1 有、无降水情况下 PWV 差异

已有研究表明不同降水量级情况下的 PWV 日变化有所不同（马思琪 等，2016；梁宏 等，2010）。在降水资料中，将一日中降水量 $\geqslant 12.1$ mm 定义为大雨日，一日中出现 1 h 降水量 $\geqslant 0.1$ 定义为有降水日，反之为无降水日。分别计算出有、无降水情况下 PWV 的平均值进行 T 检验（魏凤英，2007），公式为：

$$T = \frac{\overline{P_{\mathrm{wv}}^{1}} - \overline{P_{\mathrm{wv}}^{2}}}{\sqrt{\frac{(n_1-1)s_1{}^2 + (n_1-1)s_2{}^2}{n_1+n_2-2} \times \left(\frac{1}{n_1} + \frac{1}{n_2}\right)}} \tag{5.1}$$

式中，n_1 和 n_2 分别为有、无降水日的样本量；$s_1{}^2$ 和 $s_2{}^2$ 分别为有、无降水日 PWV 的方差；$\overline{P_{\mathrm{wv}}^{1}}$ 和 $\overline{P_{\mathrm{wv}}^{2}}$ 分别为有、无降水日的 PWV 平均值。

表 5.1 列出了 2016 年夏季伊犁河谷 3 个 GPS 测站在有、无降水日及大雨日的 PWV 平均值。可以看出，各站夏季有降水日数平均为 40 d，占总日数的 43.4%，其中大雨日数平均为 5 d，占夏季有降水日数的 12.5%。有降水日三站平均 PWV 为 24.3 mm，大雨日三站平均 PWV 比有降水日高 2.2 mm，为 26.5 mm；无降水日平均 PWV 为 21.0 mm，由式（5.1）计算得到三站夏季有、无降水日 PWV 平均值的合成 T 检验值，各站均通过了 0.001 的显著性检验，且海拔较低的伊宁站有、无降水时 PWV 值差异最明显，T 检验值达 4.7，有、无降水量的 PWV 差异性随着海拔高度增加而减小，昭苏天山乡站为 2.7 mm，这可能是由于昭苏天山乡位于伊犁河谷西南部的昭苏县，年均降雨量为全疆之冠达 511.8 mm，且蒸发量大，在无降水时的蒸发和蒸腾作用对 PWV 有一定的补充，因而使得有、无降水时的差值较小。可见在不同降水情况下各站 PWV 量值存在显著差异，海拔越高的测站差异越不显著。

表 5.1 伊犁河谷 3 站 2016 年夏季有、无降水日及大雨日的 PWV 平均值

站点	无降水日		有降水日		大雨日		T 值
	PWV/mm	样本量/d	PWV/mm	样本量/d	PWV/mm	样本量/d	
伊宁县	23.4	63	28.6	29	30.9	5	4.7
新源	22.6	60	25.6	32	27.1	7	2.6
昭苏天山乡	17.0	33	18.9	59	21.6	4	2.7
平均值	21.0	52	24.3	40	26.5	5	3.3

由于不同季节 PWV 差异明显，且降水性质、强度、机制各不相同，因而针对不同季节分析 PWV 与实际降水量的对应关系对于实际降水预报是十分必要的。表 5.2 为伊宁县 2016 年 3

月—2017 年 2 月各季 PWV 最大值相对降水开始时间提前量的频次分布。当 PWV 达到最大值后开始波动减小,随后测站出现降水时,计算出 PWV 最大值出现时刻与降水开始时刻的差值,作为 PWV 最大值相对降水开始时间的提前量。可以看出,伊宁县共出现降水 117 次(≥0.1 mm,降水间隔超过 2 h 为一次降水),其中 PWV 最大值出现时间与降水同步发生的共24 次,超前降水发生时间 1 h、2 h、3 h 和 5 h 的分别为 15 次、15 次、12 次和 14 次,超前降水发生时间 7 h 以上降水次数为 21 次;超前降水发生时间 4 h 和 6 h 次数相对较少,均为 8 次。可见PWV 最大值出现时间超前降水 0~3 h,5 h 和 7 h 以上发生频次最高。另外,从四季 PWV 与降水分布可知,春季出现降水 30 次,其中 17 次发生在 PWV 最大值出现后 0~3 h,占春季总降水次数的 56.7%,9 次发生在 PWV 最大值出现后 5 h 和 7 h;夏季共出现降水 33 次,14 次发生在PWV 最大值出现后 5~9 h(占夏季降水总次数 42.4%),这可能与河谷夏季降水前增湿时间长有关,16 次发生在 PWV 最大值出现后 0~2 h,占夏季降水总次数的 48.5%,这可能是与夏季对流性天气水汽快速聚集有关。秋季降水次数最多,降水主要出现在 PWV 峰值后 0~3 h 和 7 h,分别占总降水次数的 57.1% 和 20%,冬季降水次数最少,降水主要出现在 PWV 峰值 0~1 h 后。

　　综合上述分析发现,测站 PWV 与降水量间存在密切关系,PWV 最大值出现时间超前降水 0~3 h、5 h 和 7 h 以上发生频次最高。春季 PWV 最大值出现后 0~3 h 后降水发生频次最高;夏季 PWV 最大值出现后 0~2 h 和 5~9 h 降水发生频次最高。秋季 PWV 最大值出现后0~3 h 和 7 h 降水发生频次最高,冬季降水主要出现在 PWV 峰值 0~1 h 后。

表 5.2　新疆伊宁站 2016 年 3 月—2017 年 2 月各个季节 PWV 最大值相对降水开始时间提前量的频次分布

季节	降水次数/次	提前量/h							
		0	1	2	3	4	5	6	7~9
春季	30	6	4	3	4	2	5	2	4
夏季	33	8	2	6	1	2	3	4	7
秋季	35	6	5	4	5	3	4	1	7
冬季	19	4	4	2	2	1	2	1	3
合计	117	24	15	15	12	8	14	8	21

5.2.2　强降水过程中水汽局地变化与降水的关系

　　通过对伊宁县 2015 年 6 月 2 次大雨(≥12.1 mm)及以上量级的天气过程进行分析,对比中亚低涡和西西伯利亚低涡造成的降水过程中 PWV 演变特征的异同,寻找逐时 PWV 与降水量间的关系。

　　2016 年 6 月 16—20 日伊宁县出现 2 次明显的降水过程,主要发生时段分别在 17 日04:00—21:00 和 19 日 08:00—23:00,过程累计降水量分别为 41.3 mm 和 18.0 mm。16 日20:00 中亚低涡减弱成槽向东北方向移动(图 5.8a),槽前偏南气流携带低纬度暖湿气流向暴雨区输送,水汽在河谷地区聚集,对应伊宁县 15 日 08:00—16 日 21:00 PWV 出现一次持续增长,PWV 由 32.0 mm 增至 44.8 mm,峰值是气候平均值(探空站 6 月平均大气水汽含量,21.6 mm)的 2 倍,降水前暴雨区水汽充沛(图 5.9)。16 日 21:00—17 日 03:00 PWV 波动下降,维持在 39.3~43.4 mm,明显高于 6 月气候平均值。17 日 02:00 700 hPa 低槽自身携带的水汽向伊犁河谷输送(图 5.8b),河谷处于水汽通道大值区,河谷北部存在 8 g·cm^{-2}·hPa^{-1}·s^{-1}

的强水汽辐合中心,水汽在暴雨区快速聚集,对应测站开始出现降水,17 日 06:00 最大小时降水量为 8.9 mm,PWV 1 h 增幅 2.7 mm。17 日 08:00—14:00 PWV 出现一次快速波动增长过程,由 33.8 mm 波动增长至 41.9 mm,小时降水最强时段 10:00 最大小时降水量 4.7 mm,PWV 1 h 增幅 2.3 mm。随着降水逐渐减小,18:00 PWV 逐渐下降至 31.1 mm;20:00 低槽东移过程中(图 5.8c),中空冷平流,低层暖平流(图略),大气层结不稳定,700 hPa 暴雨区水汽通量进一步增大(图 5.8d),水汽通量散度为 −6 g·cm^{-2}·hPa^{-1}·s^{-1} 在地形辐合抬升和动力、热力条件下水汽在局地快速聚集,对应 PWV 18:00—20:00 由 31.1 mm 增至 34.8 mm,PWV 再次出现峰值,测站出现短时强降水,1 h 降水量 12.2 mm,随后 PWV 波动下降,但仍维持在较高值(28.4~36.1 mm),为后期降水提供了有利的水汽条件。降水前增湿时间长,PWV 峰值(44.8 mm)是气候平均值的 2 倍,降水期间 PWV 维持在较高水平,充沛的水汽供应使得降水持续时间达 9 h 以上。受前期降水影响,18 日测站 PWV 维持较高数值,但中纬度低槽减弱向东北方向快速移动,西西伯利亚低涡主体位于 50°N 以北,伊犁河谷处于低涡底部偏西气流上(图略),动力、热力条件没有前期降水期间有利,因而产生的降水也较小。

6 月 19 日西西伯利亚低涡底部锋区上的短波槽东移造成伊犁河谷再次出现强降水,24 h 累计降水量 18.0 mm。18 日 20:00 500 hPa 西西伯利亚低涡南移至巴尔喀什湖北部(图 5.8e),伊犁河谷处于低涡底部偏西气流控制下,700 hPa 锋区底部偏西气流携带水汽进入河谷(图 5.8f),水汽在暴雨区快速聚集,伊犁河谷最大水汽通量散度为 −6 g·cm^{-2}·hPa^{-1}·s^{-1},对应 18 日 22:00—19 日 01:00 测站 PWV 由 26.1 mm 缓慢增至 29.4 mm,随后 PWV 波动下降,并维持在气候平均值(21.6 mm)附近,19 日 08:00 低涡底部锋区进一步南移(图略),对应测站 PWV 出现一次急剧增长的过程,08:00—09:00 1 h 增幅 4.9 mm,测站出现短时强降水,1 h 降水量 7.7 mm,随后 PWV 持续增长,降水持续至 13:00。19 日 20:00 低涡底部偏西气流转为西北急流,700 hPa 伊犁河谷仍处于水汽通量大值区(图 5.8h),但水汽通量散度略有减小,河谷最大水汽通量散度为 −4 g·cm^{-2}·hPa^{-1}·s^{-1},对应测站 PWV 由 21 mm 缓慢增长至 25.2 mm,PWV 再次达到峰值,伊宁县再次出现降水天气。锋区短波槽产生的两次降水持续时间短,降水量较小,PWV 峰值较中亚低涡过程明显偏小。

西伯利亚低涡底部强锋区不断分裂短波槽东移,降水前测站上空增湿迅速,增湿时间较短,水汽在测站迅速汇集辐合抬升,造成伊宁站两次短时降水天气,对应 PWV 出现两次水汽

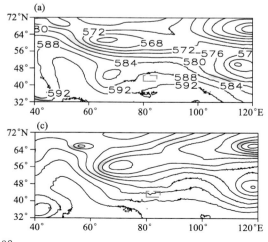

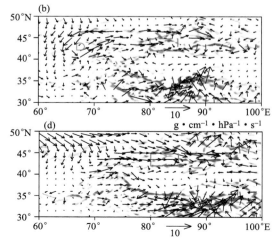

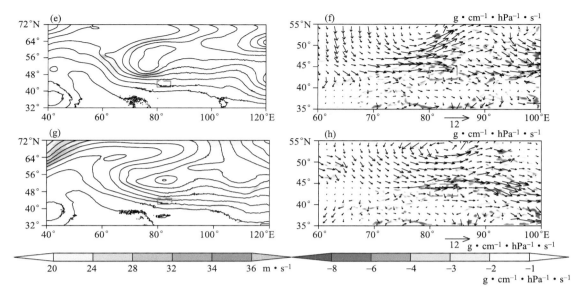

图 5.8　2016 年 6 月 16 日 20:00(a)、17 日 02:00 (b)、17 日 20:00(c,d)、18 日 20:00 (e,f)和 19 日 20:00 (g,h) 500 hPa 位势高度场(等值线,单位:dagpm)和风场(阴影≥20 m·s^{-1})(a、c、e、g)以及 700 hPa 水汽通量(矢量, 单位:g·cm^{-1}·hPa^{-1}·s^{-1})和水汽通量散度(阴影,单位:g·cm^{-2}·hPa^{-1}·s^{-1})(b,d,f,h)

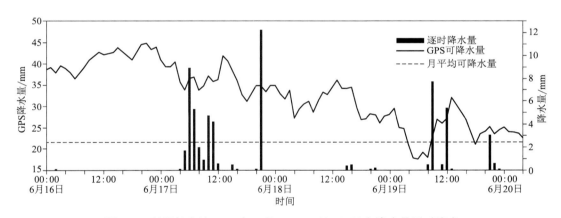

图 5.9　新疆伊宁站 2016 年 6 月 16—20 日 PWV 和降水量逐时演变

增长过程。PWV 达到峰值 7 h 后测站开始出现降水,降水前 PWV 出现跃变,1 h 增幅 4.9 mm, 对应测站出现最大小时降水。第二段降水前 PWV 再次出现增长过程,PWV 峰值出现时间对应 降水开始时刻,PWV 与降水存在较好的对应关系,降水结束后 PWV 迅速降至气候平均值附近。

以上分析说明 PWV 与降水量间存在密切关系,对比 6 月 16—17 日和 6 月 19 日两次强 降水过程 PWV 演变特征发现,两次降水发生前均存在 PWV 增长过程,PWV 达到峰值后 7 h 测站出现降水,测站短时强降水前 PWV 明显跃变,存在水汽的快速聚集过程,PWV 峰值与降 水开始时间有较好的对应关系;两次降水过程不同之处是,6 月 16—17 日中亚低涡前偏南气 流携带充沛水汽持续输送至暴雨区,降水前测站上空缓慢增湿,增湿时间长,PWV 峰值为气 候平均值的 2 倍左右;6 月 19 日西西伯利亚低涡底部强锋区不断分裂短波槽东移,水汽在测 站迅速汇集辐合抬升,造成伊宁站降水天气过程,降水前测站上空增湿迅速,增湿时间较短。

这也说明 PWV 的变化与大尺度系统演变、水汽输送和汇集有密切关系,与已有的研究结果较为一致(刘晶 等,2017)。

为进一步分析中亚低涡造成的降水发生前、PWV 峰值后导致局地水汽变化的动力机制,下面对 2016 年 6 月 16 日 20:00—17 日 20:00 伊犁河谷地区(42°—46°N、80°—86°E)水汽收支情况进行计算分析。水汽收支方程为:

$$P - E_s = -\frac{1}{\sigma g} \int_{p_s}^{p_t} \int_\sigma \left(\frac{\partial q}{\partial t} + \nabla \cdot qv + \frac{\partial \omega q}{\partial p}\right) \mathrm{d}p\,\mathrm{d}\sigma \tag{5.2}$$

式中,P 为降水量;E_s 为蒸发量;σ 为选定区域的面积(约 2.18×10^{11} m²);g 是重力加速度;p_t 是顶层气压,p_s 是地面气压,分别取 100 hPa 和 1000 hPa;$\partial q/\partial t$ 是水汽的局地变化,采用时间中央差求得;$\partial \omega q/\partial p$ 是垂直运动对水汽的输送,由直接差分可得;$\nabla \cdot qv$ 是水汽通量辐合项,一般可化为线积分计算,即

$$\nabla \cdot qv = \frac{1}{\sigma} \oint v_n q\,\mathrm{d}l = \frac{1}{\sigma}\left(\sum_{i=1}^m -\overline{v_i q_i}\Delta l_s + \sum_{j=1}^n \overline{u_j q_j}\Delta l_e + \sum_{i=1}^m \overline{v_i q_i}\Delta l_n + \sum_{j=1}^n -\overline{u_j q_j}\Delta l_w\right)$$

$$\tag{5.3}$$

式中,右边四项分别表示水汽从不同边界进入选定区域的值,"—"表示空间步长的平均值,$v_n q$ 是边界的法向分量;m 和 n 分别是选取区域沿经向和纬向的格点数;Δl_s、Δl_e、Δl_n、Δl_w 分别是各边界上的格距,q 为比湿,u 和 v 为纬向和经向风速。用式(5.2)和式(5.3)计算得出暴雨区水汽收支分布(图 5.10)。

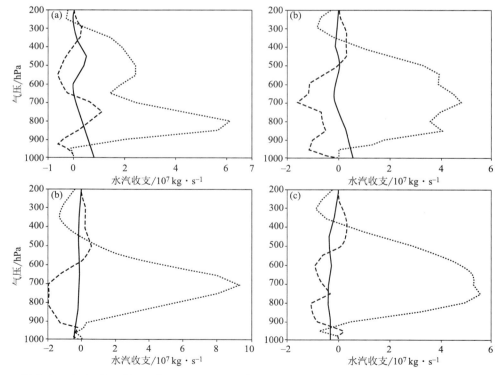

图 5.10　2016 年 6 月 16 日 20:00(a)、17 日 02:00(b)、17 日 08:00 (c)和 17 日 20:00(d)
伊犁河谷(42°—46°N,80°—86°E)平均水汽收支分布(单位:10^7 kg·s⁻¹)
(点虚线:散度项;实线:水汽局地变化项;虚线:水汽垂直输送项)

从图 5.10 可以看出伊犁河谷强降水期间水汽收支主要由水汽垂直输送和水汽散度项决定,水汽的局地变化很小,可以忽略。降水期间水汽收支存在明显变化,水汽主要集中在 400～950 hPa,通过垂直输送项向高层输送,对流层中、低层失去水汽为负,高层得到水汽为正。

　　16 日 20:00 受中亚低涡前部偏南气流影响,暴雨区上空 300～950 hPa 水汽收支散度项和为正,以水汽流入为主,水汽流入集中在对流层低层,最大水汽流入 6×10^7 kg·s^{-1},降水前低层水汽充沛,对应伊宁站 PWV 达到 44.8 mm,是气候平均值的 2 倍,水汽垂直输送主要集中在对流层底层和中层,最大水汽垂直输送位于 950 hPa 和 550 hPa,为 -0.6×10^7 kg·s^{-1},暴雨区上空垂直运动弱,降雨范围和强度小。17 日 02:00,河谷处于水汽通道大值区,水汽在暴雨区快速聚集,400～950 hPa 水汽最大流入为 4.8×10^7 kg·s^{-1},较 16 日 20:00 略有减小,对应伊宁站 16 日 21:00—17 日 03:00 PWV 波动下降,维持在 39.3～43.4 mm,同时在地形辐合和抬升下暴雨区上空垂直运动发展,将 500～1000 hPa 水汽向对流层高层输送,700 hPa 最大水汽垂直输送 -1.6×10^7 kg·s^{-1},充沛的水汽由对流层低层输送至对流层高层,造成伊宁站开始出现强降水天气。08:00 暴雨区上空垂直运动旺盛,对流层低层最大水汽垂直输送进一步增大,最大水汽输送为 -2×10^7 kg·s^{-1},对流层中低层水汽最大流入增至 9.4×10^7 kg·s^{-1},较 17 日 02:00 增长 4.6×10^7 kg·s^{-1},强烈的垂直运动造成伊宁站出现短时强降水天气,充沛的水汽供应也一定程度上平衡了由于降水造成的中低层大气绝对湿度下降,因而测站 17 日 04:00—08:00 PWV 稳定在较高值(33.8～36.8 mm)附近,这与前文分析较一致。14:00(图略)500～900 hPa 水汽流入进一步增大,最大水汽流入达 10.5×10^7 kg·s^{-1},对应测站 17 日 08:00—14:00 PWV 出现第二次持续波动增长过程,但水汽垂直输送项较小,因而 14:00 前后产生的降水也较少。20:00,低涡减弱成槽东移过程中大气层结不稳定(图略),对流层低层最大水汽垂直输送项由 0.6×10^7 kg·s^{-1} 增至 1×10^7 kg·s^{-1},垂直输送范围由 500～700 hPa 扩大至 500～900 hPa,对流层中低层水汽向对流层高层输送,水汽流入项略有减小,为 5.6×10^7 kg·s^{-1},测站 PWV 由 31.1 mm 缓慢增至 34.8 mm,在动力、热力条件的配合下,测站再次出现短时强降水。

　　云液水和云冰水含水量分布受大气环流影响,有很强的地域性(衡志炜 等,2011),云液水和冰水含水量的多少对云滴增长及降水的形成和强度有非常重要的影响。下面将利用 ECMWF 发布的第一代全球分辨率 ERA-Interim 0.5°×0.5° 再分析资料,通过分析 2016 年 6 月 16—17 日降水发生期间云液水和冰水含水量的变化,结合暴雨区水汽收支情况发现,水汽辐合和垂直输送一定程度影响局地云中含水量和 PWV 的变化,造成暴雨区水汽发生明显变化。

　　图 5.11 为伊犁河谷降水期间沿 43.95°N 的云中含水量经度-高度剖面。16 日 20:00 (图 5.11a),伊犁河谷云液水含水量大值区集中在河谷东部 700 hPa 附近,最大云液水含水量 0.06 g·kg^{-1},云冰水含水量大值区集中在 400 hPa 附近,最大冰云含水量 0.06 g·kg^{-1}。降水前 7 h 暴雨区上空云中含水量较少,但测站 PWV 达到峰值,由此可见降水前暴雨区整层大气水汽充沛,但动力和热力条件不佳,上升运动弱,水汽无法抬升至凝结高度,云中含水量较少。17 日 02:00 随着中亚低涡系统减弱成槽向东北方向移动,暴雨区上空垂直运动发展,水汽局地汇聚(图 5.11b),对流层低层水汽输送至高层,400 hPa 最大云冰水含水量迅速增大至 0.12 g·kg^{-1},测站 PWV 维持在较高值,同时河谷上空云液水含水量迅速减小,对应测站出现强降水天气,另外受槽前西南气流影响,河谷西侧 78°E 附近 700 hPa 云液水含水量大值区迅

速增至 0.5 g·kg^{-1},并随低槽继续向东移动。17 日 08:00(图 5.11c),云液水含水量大值区东移至 79°E 附近,测站上空最大云液水含水量 0.1 g·kg^{-1},同时云冰水含水量大值区高度略有下降,500 hPa 最大云冰水含水量增至 0.25 g·kg^{-1},这也说明水汽垂直输送旺盛,对流层中层形成云冰水聚集区,测站强降水维持。17 日 14:00(图略)云中含水量迅速减小,测站上空 400 hPa 最大云冰水含水量为 0.06 g·kg^{-1},测站第一阶段降水结束。17 日 20:00 对流层低层水汽垂直输送再次加强(图 5.11d),使得 400 hPa 云冰水含水量迅速增至 0.2 g·kg^{-1},PWV 再次出现快速增长的过程,对应测站出现短时强降水天气,1 h 降水量 12.2 mm。

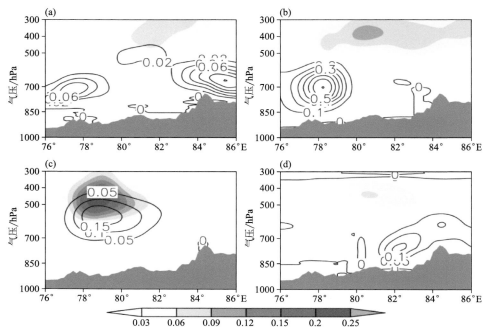

图 5.11 强降水期间沿 43.95°N 云液水(等值线,单位:g·kg^{-1})和云冰水含水量
(阴影,单位:g·kg^{-1})经度-高度剖面
(a)2016 年 6 月 16 日 20:00;(b)2016 年 6 月 17 日 02:00;(c)2016 年 6 月 17 日 08:00;
(d)2016 年 6 月 17 日 20:00

综合上述分析发现,16 日 20:00 前后对流层低层水汽流入较大,PWV 达到峰值,但垂直运动弱,暴雨区上空云中含水量较少;17 日 02:00 对流层低层水汽流入略有减小,暴雨区上空垂直运动发展,水汽垂直输送明显,导致对流层高层云冰水含水量增大明显,中层云液水含量迅速减小,测站出现强降水;17 日 08:00 对流层低层水汽垂直输送和水汽流入进一步增大,对流层中层形成云冰水聚集区,测站降水持续至 14:00;17 日 20:00 暴雨区低层垂直输送范围扩大,最大水汽输送量明显增强,对流层高层云冰水含量迅速增大,对应 PWV 再次达到峰值,在动力、热力条件配合下造成测站出现第二阶段强降水。

5.2.3 小结

通过对伊犁河谷 PWV 与降水量、两次强降水天气 PWV 与水汽输送关系进行分析,找到了不同季节 PWV 与降水开始时刻的对应关系,给出了不同影响系统、不同水汽输送造成的降水前增湿时间、PWV 峰值的差异,并得到以下结论。

(1)测站 PWV 与降水量间存在密切关系,PWV 最大值出现时间超前降水 0～3 h、5 h 和 7 h 以上发生频次最高。各季节降水主要发生在 PWV 最大值出现后 0～3 h、0～2 h 和 5～7 h、0～3 h 和 7 h 及 0～1 h。在不同降水情况下各站 PWV 量值存在显著差异,海拔越高的测站差异越不显著。

(2)PWV 的变化与大尺度系统演变、水汽输送和汇集密切相关,降水发生前对流层低层水汽流入强,PWV 存在明显增湿过程,但垂直运动弱,暴雨区上空云中含水量较少。

(3)降水开始时间与 PWV 峰值有较好的对应关系,不同影响系统、不同水汽输送造成的降水前增湿时间、PWV 峰值大小有所不同。降水期间暴雨区垂直运动发展,水汽垂直输送明显,存在水汽的快速聚集过程,对流层中、高层形成云冰水聚集区,PWV 有明显跃变,对应测站出现短时强降水天气。

5.3　极端强降水天气水汽输送和可降水量演变特征分析

5.3.1　2016 年 7 月 31 日伊犁河谷大气水汽输送特征

2016 年 7 月 31 日—8 月 1 日,新疆大部出现降水,强降水主要集中在伊犁河谷地区,河谷多个国家站和区域站累积降水量突破有气象观测以来的极值,国家站 5 站 24 h 降水量超过 48 mm 达大暴雨,强降水中心巩留库尔德宁站 24 h 累积降水量 100.1 mm(图 5.12a)。从降水中心巩留库尔德宁站逐时降水时间演变图(图 5.12b)可以看出,7 月 31 日 17:00 测站出现降水,随后测站小时雨强在 4 mm·h^{-1} 以上,最大小时雨强 8.9 mm·h^{-1},降水持续了 27 h,累积降水量超过 100 mm,8 月 1 日 17:00 后,降水逐渐减弱,河谷地区降水趋于结束。

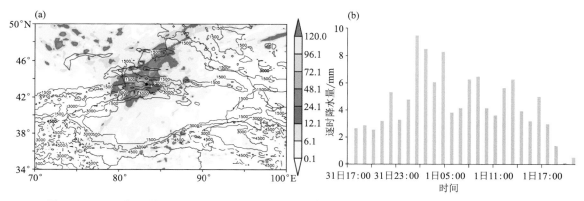

图 5.12　2016 年 7 月 31 日 14:00—8 月 1 日 20:00 伊犁河谷降水实况分布图(单位:mm)(a)及最大降水中心巩留库尔德宁站逐小时降水量(b)

降水前(7 月 31 日 08:00,图略)500 hPa 中高纬度欧亚范围内为"两脊一槽"形势,伊犁河谷上游形成东北—西南走向、南北经向度达 40 个纬距的长波槽,低槽分为南、北两段,北段位于西伯利亚地区,南段位于塔什干地区附近。31日14:00(图5.13a)伊朗副热带高压向北发展,下游贝加尔湖(以下简称贝湖)以东的高压脊稳定维持,南支槽北移至南疆西部,受槽前偏南气流控制,伊犁河谷测站开始出现少量降水。8月1日02:00 200 hPa南亚高压稳定维持(图5.13c),巴尔喀什湖附近为低槽区,槽前最大风速达40 m·s^{-1},河谷位于高空急流入口区右侧,高空辐散,对应500 hPa(图5.13b)乌拉尔山高压脊向东北发展,贝湖东部高压脊稳定少动,南支槽向南发展加强,移速缓慢,河谷上空偏南气流增至12 m·s^{-1},同时700 hPa(图5.13d)河谷附近存在一条明显的切变线,为强降水的发生提供了动力辐合抬升条件,总之,从高层到低层大尺度天气系统的环流配置均有利于暴雨区强降水的发生。

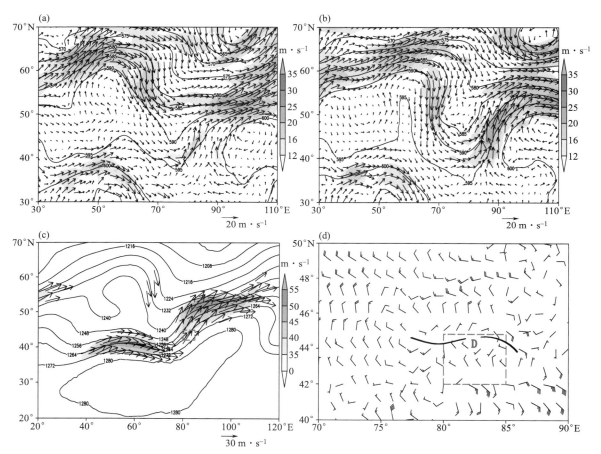

图5.13　(a)7月31日14:00 500 hPa位势高度场(等值线,单位:dagpm)和急流区(阴影,≥12 m·s^{-1});(b)8月1日02:00 500 hPa位势高度场(等值线,单位:dagpm)和急流区(阴影,≥12 m·s^{-1});(c)8月1日02:00 200 hPa位势高度场(等值线,单位:dagpm)和急流区(阴影,≥35 m·s^{-1});(d)8月1日02:00 700 hPa风场(单位:m·s^{-1}),红色矩形为伊犁河谷

5.3.1.1　强降水期间水汽输送和聚集特征分析

无论是季风区还是干旱、半干旱区,强降水的形成都离不开大尺度空间范围水汽的持续性输送和辐合,因而讨论大范围水汽输送特征对于更好地理解本次伊犁河谷暴雨的形成和维持

必不可少。下面将针对极端降水期间水汽输送和辐合分布特征,结合地形抬升来进行分析和讨论,进一步说明该方面的内容在新疆降水的研究中尚未见到。

对强降水期间平均的水汽输送和水汽辐合辐散状况进行分析,发现伊犁河谷在降水期间处于水汽汇集区域内,且存在明显的境域外水汽输送,具体分析如下。

水汽通量流函数代表非辐散的水汽通量部分,是全球水汽输送中的主要分量。从降水期间水汽流函数无辐散分量分布图上(图 5.14a)可以看出,水汽流函数的整层分布在大西洋和阿拉伯海北侧存在大值中心,中国大陆均处于水汽流函数大值区,对应我国大陆出现不同程度的降水天气(图略)。从水汽输送来看,向北输送水汽的印度夏季风是降水期间伊犁河谷重要的水汽输送通道,同时中纬度上大西洋水汽经地中海和里海、咸海向东输送至河谷附近,这一支中纬度偏西气流和低纬度偏南暖湿气流共同汇集在伊犁河谷上空,构成了本次强降水天气的水汽输送通道。这一水汽输送分布形势与我国江淮流域梅雨时期分布(周玉淑 等,2005)有所不同,伊犁河谷降水期间大西洋水汽经黑海、里海和咸海向东的水汽输送通道更为明显,与低纬度偏南水汽输送在河谷地区汇集,造成强降水天气,这也说明小范围区域的强降水是与大尺度空间范围的水汽输送相联系的。

水汽通量速度势反映的是水汽通量穿过等压线输送的部分(水汽流函数正值表示水汽辐散,负值表示水汽辐合),虽然在全球水汽输送过程中相较于非辐散水汽流函数是小量,但水汽的辐合对于强降水的发生是必不可少的。从整层水汽势函数及辐散分量分布图(图 5.14b)可以看出,在强降水期间,低纬度地区和副热带洋面是水汽势函数的高值区,伊犁河谷处于水汽势函数低值区,即水汽辐合区。

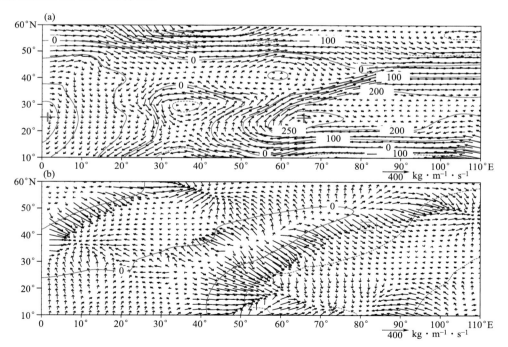

图 5.14　2016 年 7 月 31 日—8 月 1 日整层水汽流函数及势函数分布

(a)水汽流函数(等值线,单位:10^6 kg·s^{-1})及非辐散分量(矢量,单位:kg·m^{-1}·s^{-1});(b)水汽势函数(等值线,单位:10^6 kg·s^{-1})及辐散分量(矢量,单位:kg·m^{-1}·s^{-1}),红色框为伊犁河谷区域

通过分析地形强迫抬升的垂直速度分布图(图 5.15)可以发现,伊犁河谷向西开口的地形辐合和抬升产生明显的地形强迫上升运动,1 日 02:00(暴雨最强时段),850 hPa(图 5.15a)河谷西北部和东部存在地形强迫上升运动大值中心,西北部最大上升运动为 0.5 m·s^{-1},东部上升运动大值中心为 0.1 m·s^{-1},同时河谷南部山区南坡附近也存在上升运动大值中心;700 hPa(图 5.15b)地形造成的上升运动大值中心向东北方向偏移,河谷南部山区至东部均处于上升运动区,南部山区最大上升运动达 0.5 m·s^{-1},河谷东部上升运动大值中心也增至 0.2 m·s^{-1},这说明地形抬升造成的上升运动随高度向山坡一侧方向倾斜,与已有的研究结果较一致(王秀祥,2009)。

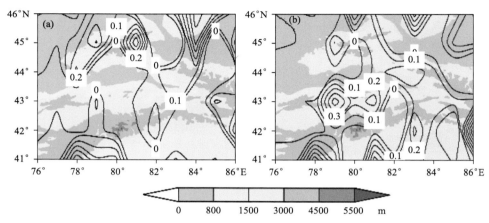

图 5.15 2016 年 8 月 1 日 02:00 850 hPa(a)和 700 hPa(b)地形抬升造成的垂直运动
(等值线,单位:m·s^{-1})分布图,阴影为地形高度

由于本次伊犁河谷降水空间范围相对较小,因而在大尺度环流形势、水汽输送及地形辐合抬升等条件满足时,暴雨的产生及维持还与其他条件有关,以后将单独进行研究和探讨。

虽然大气中的水汽主要集中在对流层中下层,但当底层水汽辐合中心与降水中心不重合时,对流层中层的水汽辐合对降水的产生也会有作用(周玉淑 等,2005),因而除了讨论分析整层的水汽分布外,针对对流层不同高度层的水汽输送进行详细分析也是有必要的。下面将对不同气压层(考虑暴雨区和伊朗高原、帕米尔高原等复杂地形对水汽输送的影响,低层以650 hPa 和 700 hPa 为例,中层以 500 hPa 为例)上水汽输送流函数、势函数及相应的非辐散、辐散分量的分布进行讨论。

7 月 31 日 20:00 伊犁河谷出现强降水,8 月 1 日 02:00 前后雨强达到最强,对应 1 日 02:00 650 hPa 中纬度以大西洋水汽输送通道为主(图 5.16a),低纬度地区红海水汽补充到印度季风中,并向西北方的暴雨区输送,700 hPa 水汽输送通道与 650 hPa 相似,中纬度以偏西水汽输送为主,低纬度红海水汽输送较 650 hPa 更加强烈(图略),而中层 500 hPa(图 5.16b)上,低纬度偏南气流没有整层积分(图 5.16a)体现出的输送强烈,大西洋向东水汽输送及低槽自身携带水汽共同汇集在伊犁河谷地区,这也说明印度季风西南水汽输送主要集中在对流层低层,而对流层中层水汽的输送主要以大西洋向东的水汽输送和低槽自身携带水汽为主,低层水汽通量的非辐散分量是中层的 1.6 倍。从不同层次水汽输送的源汇项(图略)上可以看出,伊犁河谷仍处于水汽的辐合区,且相较于整层积分的水汽源汇分布图(图 5.16b),伊犁河谷地区存在明

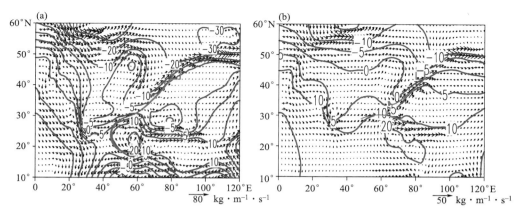

图 5.16　2016 年 8 月 1 日 02:00 650 hPa(a)和 500 hPa(b)水汽流函数(等值线,
单位:10^6 kg·s^{-1})及非辐散分量(矢量,单位:kg·m^{-1}·s^{-1})分布

显的风速辐合,这可能与伊犁河谷对流层低层切变线有关,水汽在此处明显辐合也是本次强降水发生的重要原因。与梅雨期强降水水汽输送和辐合(周玉淑 等,2005)不同的是,干旱、半干旱内陆地区强降水发生期间还存在中纬度地区的水汽输送,另外,受伊朗高原、青藏高原大地形影响,印度季风偏南水汽输送主要集中在对流层低层(650 hPa 以下),这种大范围的水汽输送对于河谷暴雨的发生是有利的。

　　以上是对本次伊犁河谷极端暴雨期间水汽流,函数、势函数及相应的水汽输送非辐散分量、辐散分量的分析,结果表明,在强降水期间中纬度大西洋及低纬度红海对水汽供应均具有贡献,其中印度季风西南水汽输送主要集中在对流层低层(650 hPa 以下),而对流层中层主要以大西洋向东的水汽输送和低槽自身携带水汽为主。降水期间河谷处于水汽通量辐合区,伊犁河谷向西开口的地形辐合和抬升造成垂直运动发展,水汽快速聚集,为局地暴雨的发生提供有利的动力辐合机制。

5.3.1.2　伊犁河谷地区水汽输送轨迹和水汽收支

　　利用 HYSPLIT 模式系统追踪气团进一步证实本次强降水过程水汽源地。HYSPLIT 是 NOAA 等机构联合开发的一种可处理不同气象数据输入,不同物理过程及不同排放源的包含输送、扩散、沉降过程的模式系统,能够对气块来源进行追溯(Makra et al.,2011;Stohl et al.,2004)。

　　针对本次暴雨过程,选取伊犁河谷地区代表点伊宁站(海拔高度 646 m)为模拟初始点经纬度(图 5.17),选取 3000 m 和 5000 m 两个高度层次(距地面高度,分别对应平均等压面 700 hPa 和 500 hPa)为模拟初始高度,选取 8 月 1 日 02:00(暴雨最强阶段)作为模拟初始点向后追踪 7 d 的三维运动轨迹,每 6 h 输出一次轨迹点位置,每隔 6 h 所有轨迹点重新向后追踪 7 d,共得到 58 条轨迹。为了更直观地看出各条轨迹路径,采用簇分析法对 58 条轨迹路径进行聚类,具体做法江志红等(2011)、孙力等(2016)均进行过详细描述。通过分析空间方差增长率(图略)发现,3000 m 和 5000 m 轨迹在聚类过程中的方差增长率在聚类结果小于 5 条后迅速增长,因而确定模拟出的轨迹最终聚类为 5 条。

　　由图 5.17a 可以看出,3000 m 伊犁河谷共出现 5 条水汽输送轨迹,通道 1 为偏北水汽输送,占 3000 m 水汽输送总量的 3.4%。喀拉海南侧 4000 m 左右高度水汽向西南输送至乌拉尔山槽后,气团高度逐渐下降至 3000 m,29 日 02:00 低槽经乌拉尔河向南移动(图 5.18a),水汽含量明显增加,比湿增至 4 g·kg⁻¹(图 5.17c);通道 2 占 3000 m 水汽输送总量的 37.9%,水汽自伏尔加河经里海向东南方向输送,高度集中在 1000 m 附近,30 日 02:00 水汽沿 700 hPa 槽前上升运动(图 5.18b)抬升至 3000 m 左右并逐渐进入河谷;通道 3 水汽自红海向西北方向输送至里海附近,随后继续向东进入伊犁河谷,最大比湿达 6 g·kg⁻¹,这支偏南水汽输送通道使得热带地区暖湿气流进入伊犁河谷,造成河谷强降水天气,此通道占 3000 m 水汽输送总量的 17.3%,可以看出来自低纬度地区的气流携带的暖湿不稳定能量在河谷地区有效释放对暴雨的发生具有不可忽视的作用,这与已有研究结论较为一致(林振耀 等,1990;Akiyo et al.,1998);通道 4 水汽经里海南侧补充后,最大比湿增至 5.6 g·kg⁻¹,随后进入伊犁河谷,占 3000 m 水汽输送总量的 20.7%;通道 5 气团 28 日 02:00 进入新疆天山南坡附近,高度维持在 1000 m 左右,随后向西输送,29 日 02:00 在低槽偏南气流影响下水汽向北爬坡进入河谷地区,最大比湿达 7 g·kg⁻¹,此通道占 3000 m 水汽输送通道的 20.7%。

伊犁河谷 5000 m 共有 5 条水汽输送通道(图 5.17b)。通道 1 气团自地中海向东经里海后比湿增至 3 g·kg⁻¹,随后进入暴雨区,此通道占 5000 m 水汽输送总量的 27.6%;通道 2 气团自大西洋 7500 m 高度附近向东输送,30 日 02:00 到达咸海南侧,比湿增加至 1.6 g·kg⁻¹,高度降至 5000 m 附近,随后沿槽前西南气流进入伊犁河谷,占 5000 m 水汽输送总量的 20.6%;通道 3 是低槽自身携带的水汽输送,气团自里海东南部 1500 m 高度向东输送过程中逐渐被抬升至 4500 m 附近,31 日 02:00 与通道 4 汇合,随后沿槽前西南气流进入暴雨区,此通道占 5000 m 水汽输送总量的 27.6%;通道 4 气团自东欧平原 6000 m 高度向南输送至低槽后部下沉气流中(图略),低槽移至里海后水汽有所补充,比湿增至 2 g·kg⁻¹,随后与通道 3 合并,水汽补充至槽前偏南气流中,此通道占 5000 m 水汽输送总量的 17.2%;通道 5 为新疆境

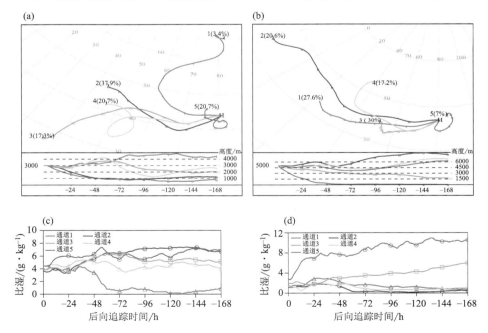

图 5.17 3000 m(a)和 5000 m(b)水汽输送通道空间分布和高度变化;3000 m(c)和 5000 m(d)水汽输送通道中的比湿变化(单位:g·kg⁻¹),☆代表伊宁站,不同颜色代表不同水汽追踪路径

内水汽输送,气团越过天山抬升至 1500 m,随后沿天山南侧向西输送,比湿维持在 8 g·kg^{-1},31 日 02:00 气团向北进入暴雨区,比湿迅速减少至 4 g·kg^{-1} 附近。

综合上述分析,利用 HYSPLIT 软件分析出 3000 m 高度存在 5 条水汽输送轨迹,其中通道 3 为偏南水汽输送路径,通道 4 为纬向偏西输送路径,与前文得出的对流层低层偏南水汽输送通道和中纬度偏西水汽输送通道结论一致;通道 1 为对流层中层偏北输送轨迹,水汽源自中层槽后下沉气流,而通道 2 和通道 5 气块来自对流层底层,气块通过爬坡和上升运动被抬升至 3000 m 附近,水汽快速聚集抬升,通道 2 为偏西路径,通道 5 水汽在新疆境内增强,为近距离水汽输送轨迹。由于欧拉方法着眼于空间点,因而拉格朗日方法模拟出的通道 1、2 和 5 轨迹在图 5.17a 中未有体现。5000 m 高度存在 5 条水汽输送轨迹,通道 1 和 2 水汽来自对流层中层,为纬向偏西输送路径,通道 3 和 4 为低槽自身携带的水汽,通道 5 为新疆境内水汽输送。

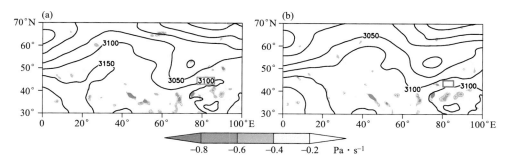

图 5.18　2016 年 7 月 29 日 02:00(a)和 30 日 02:00(b)700 hPa 位势高度场(等值线,单位:gpm)和垂直速度场(单位:Pa·s^{-1},阴影 $\omega \leqslant -0.2$ hPa·s^{-1}),红色矩形为伊犁河谷地区

对比不同通道的水汽输送贡献(表 5.3)发现,伊犁河谷暴雨期间,对流层低层以中纬度偏西路径的水汽输送最为强盛,占水汽输送总量的 58.6%,其次是低纬度偏南路径水汽输送和新疆境内水汽输送,分别占水汽输送总量的 17.3% 和 20.7%;对流层中层以中纬度偏西路径的水汽输送和低槽自身携带的水汽输送为主,分别占水汽输送总量的 48.2% 和 44.8%,这与 4.2 节分析结论较一致。

表 5.3　伊犁河谷暴雨期间各水汽通道的水汽贡献　　　　　　　　　　　%

起始高度	中纬度偏西路径			低纬度偏南路径			低槽自身携带水汽			境内水汽		
	所占通道	水汽贡献百分比		所占通道	水汽贡献百分比		所占通道	水汽贡献百分比		所占通道	水汽贡献百分比	
		分量	合计		分量	合计		分量	合计		分量	合计
3000 m	通道 2	37.9	58.6	通道 3	17.3	17.3	通道 1	3.4	3.4	通道 5	20.7	20.7
	通道 4	20.7										
5000 m	通道 1	27.6	48.2				通道 3	27.6	44.8	通道 5	7	7
	通道 2	20.6					通道 4	17.2				

为进一步了解水汽来源,对暴雨区水汽收支分析计算也是有必要的,通过分析伊犁河谷地区(42°—46°N,80°—86°E)水汽收支情况进而分析降水期间水汽的变化。

从图 5.19 可以看出,伊犁河谷强降水期间水汽的局地变化很小,可以忽略,水汽收支主要由水汽垂直输送和水汽散度项决定。降水期间水汽收支存在明显变化,水汽主要集中在

中国天山云和降水物理观测特征

500～900 hPa,通过垂直输送项向高层输送,对应图 5.19 中对流层低层失去水汽为负,中、高层得到水汽为正。

从图 5.19a 中发现,31 日 14:00 水汽垂直输送主要集中在对流层低层,600～700 hPa 的水汽向 500～600 hPa 输送,水汽垂直输送项较小,为 1×10^7 kg·s^{-1},对应在 650～950 hPa 散度项和为正,暴雨区上空水汽流入集中在 700 hPa 以下,低层水汽充沛,但垂直运动弱,降雨范围和强度小。31 日 20:00 受 650 hPa 低纬度西南水汽补充(图 5.19a),槽前西南气流增强,550～950 hPa 水汽最大流入由 7.6×10^7 kg·s^{-1} 迅速增至 14.5×10^7 kg·s^{-1},在地形辐合和抬升下暴雨区上空垂直运动发展,低层水汽垂直输送(图 5.19b)达 3×10^7 kg·s^{-1},将 500～700 hPa 水汽向对流层中、高层输送,造成河谷出现强降水。8 月 1 日 02:00(图 5.19c)对流层中低层水汽最大流入进一步增至 15.8×10^7 kg·s^{-1},低层水汽垂直输送增至 3.7×10^7 kg·s^{-1},充沛的水汽和强烈的垂直运动造成 1 日 02:00 前后雨强较强时段,这与前文分析较一致。1 日 08:00(图 5.19d),对流层低层水汽垂直输送项维持,水汽流入项减小至 11.6×10^7 kg·s^{-1},随后雨强有所减弱。

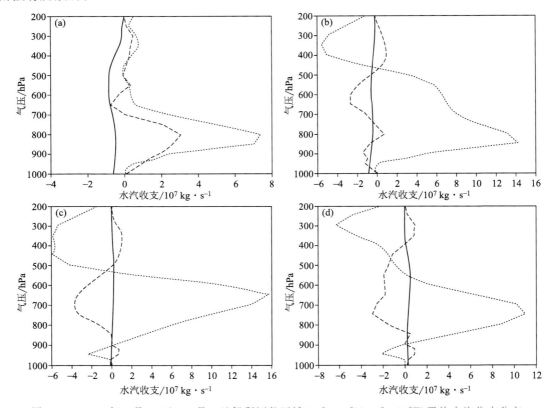

图 5.19　2016 年 7 月 31 日—8 月 1 日伊犁河谷区域(42°—44°N,80°—86°E)平均水汽收支分布,点虚线:散度项,实线:水汽局地变化项,虚线:水汽垂直输送项
(a)31 日 14:00;(b)31 日 20:00;(c)1 日 02:00;(d)1 日 08:00

在水汽的散度项(图 5.20)中四个边界水汽流入集中在对流层低层,而对流层中高层水汽流入主要集中在西边界。31 日 14:00(图 5.19a)对流层低层 700～975 hPa 从南边界进入的水汽占主导地位,其次是东边界,北边界和西边界水汽流入量较小。31 日 20:00(图 5.20b),受

低纬度偏南气流影响,850 hPa 和 650 hPa 附近南边界最大流入水汽量分别增至 4×10^{-7} kg·s^{-1} 和 6×10^{-7} kg·s^{-1};1 日 02:00(图 5.20c)南边界最大流入水汽增至 9×10^{-7} kg·s^{-1},高度由 650 hPa 降低至 700 hPa,低纬度暖湿气流一方面增强了暴雨区低层水汽含量,另外增大了大气不稳定性,造成 02:00 前后河谷多地出现短时强降水天气;1 日 08:00(图 5.20d),伴随系统逐渐东移,槽后偏北气流逐渐控制伊犁河谷地区,对流层低层南边界流入水汽迅速减小,北边界水汽流入略有增强,造成 08:00 后伊犁河谷降水天气。

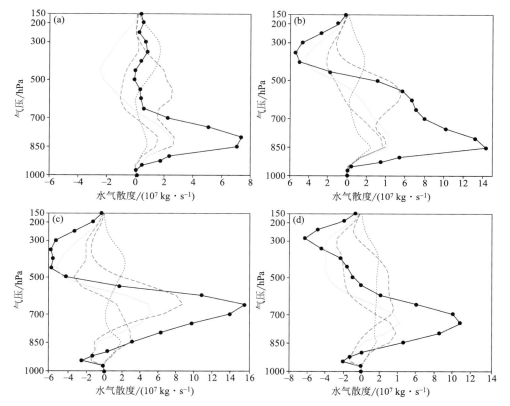

图 5.20　2016 年 7 月 31 日—8 月 1 日伊犁河谷区域(42°—44°N,80°—86°E)水汽散度项分布,
紫色点线:西边界,绿色实线:东边界,蓝色长虚线:南边界,红色点虚线:北边界,实心圆:散度项的和
(a)31 日 14:00;(b)31 日 20:00;(c)1 日 02:00;(d)1 日 08:00

5.3.1.3　伊犁河谷 GPS 大气可降水量时间演变

在讨论了全球范围的水汽输送及汇集情况后,为了对强降水期间水汽的局地演变特征有更清晰的认识,通过分析伊犁河谷两个测站的 GPS 大气可降水量随时间的演变(图 5.21)发现,测站 GPS 值在强降水期间均存在明显的跃变,与大尺度水汽输送有较好的对应关系。

赵玲等(2010)将探空观测资料计算的大气可降水量和利用 GAMIT 软件处理反演得到 1 h 间隔的 GPS-PWV 进行对比分析,发现两者间均方根误差在 2.1 mm 内,说明 GPS-PWV 具有较高准确性,可作为描述水汽变化细节的有效手段,补充常规探空资料在时间和空间密度上的不足,具体解算方法参考赵玲等(2006)的文献。

伊宁站(图 5.21a)和新源站(图 5.21b)在降水发生前 GPS-PWV 始终维持在气候平均值

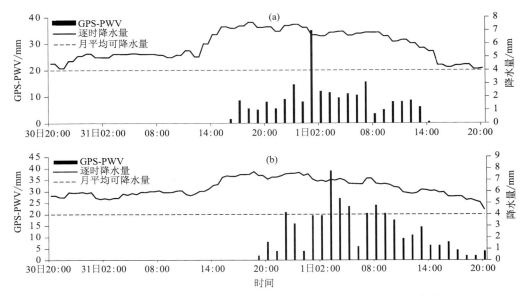

图 5.21　强降水期间伊犁河谷 GPS-PWV 与降水量的逐时演变曲线

(a)伊宁站;(b)新源站

(探空站平均大气水汽含量,25 mm)附近(史玉光 等,2014)。受 700 hPa 低槽前部西南水汽输送影响,伊宁站和新源站 31 日 13:00—15:00,GPS-PWV 出现了一次急剧的增强过程,PWV 峰值(伊宁 38.1 mm、新源 38.6 mm)达到气候平均值的 2 倍左右,水汽局地聚集辐合(图 5.21),1 h 和 3 h 后伊宁站和新源站先后出现降水,相较于伊宁站,新源站降水前期 GPS-PWV 值略偏大,可能与其位置比伊宁站偏南 0.5°,受西南气流影响早、时间长有关。7 月 31 日 20:00—8 月 1 日 02:00,650 hPa 来自低纬度印度季风水汽补充至低槽中,暴雨区水汽迅速增加,同时水汽通量散度(图 5.22)迅速减小至 -6×10^{-7} g·cm^{-2}·(hPa·s)$^{-1}$,充沛的水汽和局地辐合造成降水持续了 20 h 以上,在此期间测站 PWV 一直维持在较高值(28~38.1 mm)。1 日 08:00 测站 PWV 迅速下降至探空气候平均值附近,降水逐渐结束。由此可以看出测站降水前 GPS-PWV 跃升与低槽前西南气流有关,强降水期间印度西南季风叠加槽前西南气流,暴

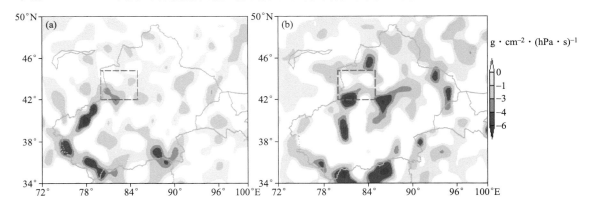

图 5.22　伊犁河谷 700 hPa 水汽通量散度(阴影<0,单位:g·cm^{-2}·(hPa·s)$^{-1}$,红色矩形为伊犁河谷地区)

(a)7 月 31 日 14:00;(b)8 月 1 日 02:00

雨区上空西南风明显增强,低纬度水汽的补充一定程度上平衡了由于降水造成的中低层大气绝对湿度下降,因而伊犁河谷在降水期间 PWV 稳定在高值附近。

5.3.2　2015 年 6 月 26 日伊犁河谷强降水 PWV 演变特征

2015 年 6 月 26—28 日,北疆大部分地区出现明显强降水过程(图 5.23a),其中伊犁河谷、乌鲁木齐以东的北疆沿天山一带、阿勒泰东部出现暴雨,伊犁河谷国家站 4 站出现大暴雨。低涡稳定期间(26 日 20:00—27 日 18:00),降水主要集中在伊犁河谷及西天山两侧地区,河谷普遍出现暴雨,巩留县在 26 日 08:00—27 日 15:00 降雨量达 104 mm,突破有气象观测资料以来的历史极值。27 日 20:00 低涡减弱成槽东移后,降水区东移,暴雨中心主要位于乌鲁木齐、天山山区及阿勒泰东部地区。从巩留和乌鲁木齐站逐时降水量演变图(图 5.23b)上可以看出,巩留站降水主要集中在 27 日 02:00—14:00,最大小时降水量达到 18.5 mm,乌鲁木齐站降水出现在 27 日 20:00—28 日 03:00,28 日 00:00 雨强达到最强为 10.1 mm/h,下面将结合 GPS-PWV 资料分析 6 月 26 日 20:00—28 日 08:00 天山北坡强降水过程中的水汽输送、辐合和演变特征。

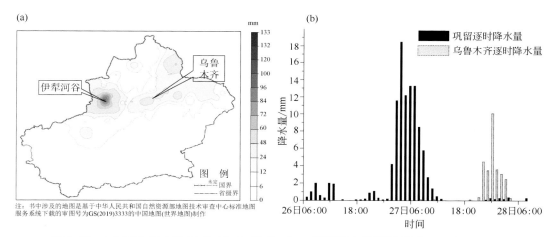

图 5.23　(a)2015 年 6 月 26 日 08:00-28 日 08:00 新疆降水实况图(单位:mm);
(b)巩留和乌鲁木齐逐小时降水量(单位:mm)

27 日 08:00(图 5.24),200 hPa 位势高度场上,南亚高压两个中心分别位于红海和青藏高原东侧,高原东侧高压脊脊顶北伸至 50°N 附近,两高压脊之间的中亚地区形成长波槽,这种两脊一槽的形势为大暴雨提供了稳定的环流背景。随着上游高压脊发展,中亚长波槽向南加深形成气旋式闭合环流,槽底伸至 30°N,槽前副热带西风急流强盛,最大风速达 45 m·s^{-1},天山北坡正位于高空急流入口区左侧,高空强烈的辐散抽吸为大暴雨提供了有利的动力条件。

降水前,24 日 14:00(图 5.25a),500 hPa 位势高度场上,高纬度上乌拉尔山为高压脊,西伯利亚地区为宽广低槽区;中低纬度伊朗高压、里咸海高压与乌拉尔山高压脊同位相叠加,形成南北经向度达 50 个纬距的长波脊,脊前中亚地区出现切断低涡即中亚低涡,同时西太平洋副热带高压(简称副高)向西伸展至青藏高原东部,588 dagpm 线控制南疆盆地,在中低纬度地区形成两脊一槽形势,阿拉伯海到新疆西部的偏南气流将低纬度暖湿水汽输送至中亚低涡内部。26 日 20:00,700 hPa 风场上西太平洋副高西伸明显(图 5.25c),有一支孟加拉湾—青藏

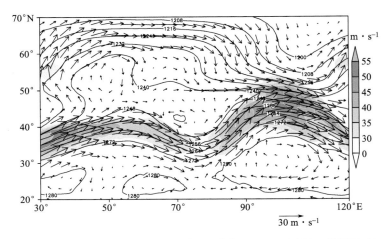

图 5.24 27 日 08:00 200 hPa 位势高度场(等值线,单位:dagpm)和风场(阴影风速>30 m・s⁻¹)

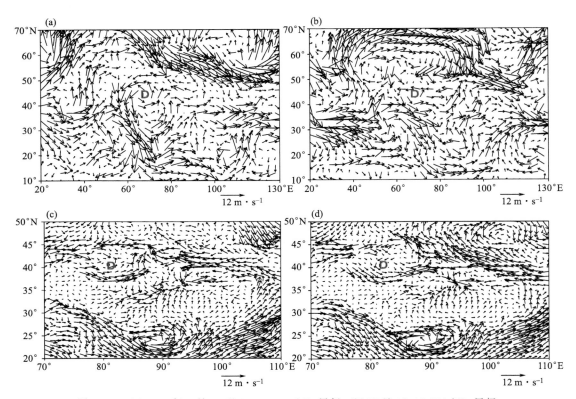

图 5.25 (a)2015 年 6 月 24 日 14:00 500 hPa 风场;(b)27 日 08:00 500 hPa 风场;
(c)2015 年 6 月 26 日 20:00 700 hPa 风场;(d)27 日 08:00 700 hPa 风场

高原东侧—河西走廊—伊犁河谷的偏东气流建立(张云惠 等,2013,2015),与低涡顶部偏东气流在伊犁河谷汇合,河谷低层增湿明显,伊宁站 700 hPa 比湿迅速增至 7 g・kg⁻¹,850 hPa 偏西气流和 700 hPa 偏东气流交汇于河谷上空,配合河谷向西"喇叭口"地形,低层辐合,高层辐散,垂直上升运动增强;高空 200 hPa 西南急流、中空 500 hPa 东南气流、低空 700 hPa 偏东气流,高低空三支气流的配合造成伊犁河谷 26 日 20:00—27 日 18:00 暴雨过程。

27 日 08:00 500 hPa 位势高度场上(图 5.25b),长波脊进一步向东北伸展,脊顶达 70°N 附近,导致中纬度地区东西方向位势高度梯度加大,在地转偏向力的作用下,中亚低涡前偏南气流明显增强,并越过天山控制中天山一带,最大风速达 12 m·s⁻¹。700 hPa(图 5.25d)风场上中亚低涡前部偏南气流贯穿天山南坡—阿勒泰东部地区,乌鲁木齐上空东南风速由 2 m·s⁻¹ 迅速增至 14 m·s⁻¹,同时副高东撤北抬,贝加尔湖(以下简称贝湖)高压反气旋式环流携带贝湖水汽与副高外围偏南气流在河西走廊附近交汇,偏东气流明显增强并与低涡前部偏南气流在中天山一带地区汇合,乌鲁木齐站低层增湿明显,700 hPa 比湿迅速增至 8 g·kg⁻¹。200 hPa 西南急流,500 hPa 西南气流,700 hPa 偏南和偏东气流,高、低空四支气流相互耦合造成中天山地区暴雨的产生。

一般认为新疆远离海洋,周围又有高山阻挡,不可能从海面上直接获得大量水汽,而"96·7"大降水研究重新分析讨论了高原水汽源的问题(徐羹慧,1997),提出了新疆境内产生降水的水汽,在合适的环流条件下,在新疆境外集中,并通过接力输送机制输送至暴雨区的概念(肖开提·多莱特 等,1997)。本次降水前,低纬度暖湿气流向中亚低涡输送和补充,低涡增湿明显,降水期间,中亚低涡先影响伊犁河谷,后减弱成槽对中天山地区造成强降水,下游西太平洋副高西伸北抬,偏东水汽接力输送通道(徐羹慧,1997;肖开提·多莱特 等,1997;杨莲梅,2003)将孟加拉湾暖湿水汽经河西走廊输送至暴雨区上空,与低涡自身携带的水汽有所汇合,降水前暴雨区中低层增湿明显。

5.3.2.1　中亚低涡影响期间 GPS-PWV 的演变特征

已有研究(史玉光,2014)利用 1976—2009 年探空探测资料计算得出新疆部分台站月平均水汽含量,伊宁站、乌鲁木齐站及天池站 6 月大气水汽气候平均值分别为 21 mm、18 mm 和 16 mm。

图 5.26 为伊犁河谷和天山山区 GPS-PWV 气候距平值等值线图,由于 500 hPa 中亚低涡位置偏西,伊宁和新源站(图 5.26a)在 25 日 14:00 前 GPS 与气候平均值相差较小,气候距平值在 -2.9~6.2 mm;25 日 17:00—26 日 16:00,受中亚低涡顶部偏东气流影响,伊宁站和新源站 GPS-PWV 气候距平值由 6.1 mm 增至 16.1 mm,期间河谷出现少量降水(5 mm),随后两站 GPS-PWV 出现小幅的下降;26 日 20:00—27 日 02:00 由于 700 hPa 偏东水汽接力输送通道建立,并与低涡自身水汽汇合,伊宁站和新源站 GPS-PWV 出现了一次快速增长,最大气候距平值达 18.7 mm 和 15.7 mm,对应河谷雨强最强时段(27 日 02:00—08:00)。

26 日 11:00—26 日 16:00,中天山一带地区受低涡顶部偏东气流影响,降水前存在水汽聚集和累积的过程,乌鲁木齐和天池站(图 5.26b)GPS-PWV 气候距平值由 0.91~5.9 mm 持续增长至 8.9~9.7 mm,4 h 增幅 4~8 mm;27 日 02:00—17:00 500 hPa 低涡移至河谷东部,副高东撤北抬,低层 700 hPa 偏东气流增强并与偏南气流在中天山汇合,沿天山一带测站 GPS-PWV 气候距平值由 5.0~9.2 mm 缓慢增长至 9.5~15.5 mm,2 h 后乌鲁木齐和天池站均出现降水,其中天池站 27 日 18:00—21:00 3 h 累计降水量达 10 mm;27 日 22:00—28 日 00:00,受低涡减弱成槽东移影响,天山山区测站 GPS-PWV 气候距平值由 6.3~15.5 mm 持续增长至 9.5~20.3 mm,GPS 出现了明显的跃增,天山山区雨强也达到最强。

综合分析 GPS-PWV 可以较好地反映大气中水汽的变化,降水前,各测站 GPS-PWV 均维持在多年平均值附近,强降水发生前,各测站 GPS-PWV 出现 1~2 次增长阶段,与 700 hPa

两支水汽汇合处的位置有较好对应关系,降水最强时段,测站 GPS-PWV 气候距平值快速增长并达到 15 mm 以上(天池山区站除外),但 GPS-PWV 气候距平值大值区并不完全对应降水大值区(例如图 5.26b 乌兰乌苏),因而不能简单的用 GPS-PWV 气候距平值的大小直接判断降水的强弱,还应参考降水区的动力、热力等条件,这与西南涡(郝丽萍 等,2013)的研究结果较一致。

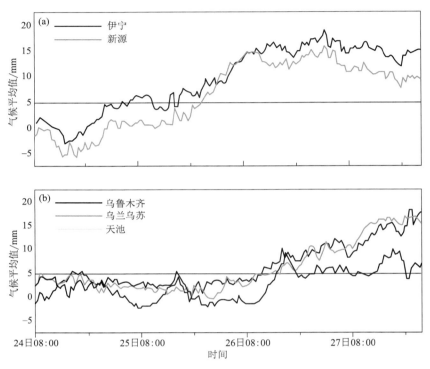

图 5.26　5 站 GPS-PWV 气候距平值等值线图

　　图 5.27 分别选取伊宁、乌鲁木齐、天池 3 站 2015 年 6 月 24—28 日大气水汽总量变化与地面降水的对应关系进行分析。伊宁站(图 5.27a)强降水时段主要集中在 27 日 04:00—14:00,最大小时降水出现在 09:00—10:00,为 13.1 mm。降水前(24 日 20:00—26 日 04:00),受低涡顶部东南气流影响,伊宁站 GPS-PWV 持续增湿时间达 32 h;26 日 04:00—08:00,低涡顶部东南气流明显增强,伊宁站 GPS-PWV 由 32 mm 增至 36 mm,出现了第一次剧烈增湿过程,4 h 增幅达到 4 mm,这是水汽快速累积和聚集过程,随后 GPS-PWV 维持较高值(36.1~38.14 mm);26 日 20:00,500 hPa 低涡北移至河谷南部,700 hPa 两支水汽汇合,偏东气流明显增强,对应 19:00—22:00 伊宁站 GPS-PWV 由 35 mm 迅速增至 38 mm,出现第二次急剧增加过程,2 h 后伊宁站出现 0.3 mm 降水,随后 GPS-PWV 仍持续增加,至 27 日 02:00 达到最大值(40.37 mm),同时地面伊宁站开始出现强降水,27 日 09:00—10:00 小时雨量达 13.1 mm。伊宁站强降水开始时间与 GPS 出现峰值时刻有较好的对应关系,在强降水发生前,GPS-PWV 出现两次急剧增加过程,为局地强降水提供了充沛的水汽。

　　乌鲁木齐(图 5.27b)暴雨时段主要集中在 27 日 21:00—28 日 04:00。降水前低涡位置偏南,乌鲁木齐 GPS-PWV 稳定维持在多年气候平均值(18 mm)附近。随着低涡向北移动,乌鲁

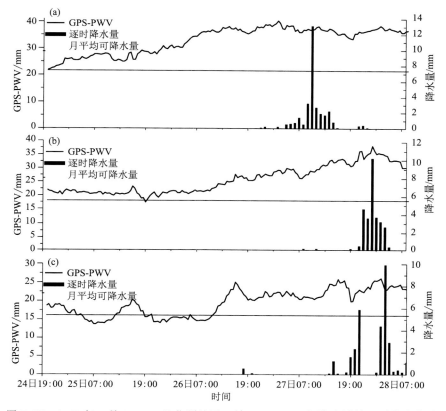

图 5.27　2015 年 6 月 23—28 日北疆地区 3 站 GPS-PWV 与降水量的逐时演变曲线
（a）伊宁站；（b）乌鲁木齐站；（c）天池站

木齐逐渐受低涡外围偏南气流控制,26 日 11:00—27 日 04:00 乌鲁木齐出现一次持续缓慢增湿过程,GPS-PWV 由 23 mm 增至 30 mm,4 h 后地面产生 0.2 mm 降水。27 日 07:00—17:00,偏东水汽在河西走廊增强并与低涡前部偏南气流汇合在天山北坡,乌鲁木齐 GPS-PWV 出现一次持续增湿过程,水汽增量 7.2 mm/(10 h),2 h 后地面再次出现 0.1 mm 降水。27 日 20:00 受 500 hPa 槽前西南气流影响,19:00—21:00 乌鲁木齐 GPS-PWV 出现一次迅速剧烈的增加过程,GPS-PWV 由 30.7 mm 快速增至 36.3 mm,2 h 水汽增量为 5.6 mm,对应 21:00 乌鲁木齐出现强降水。27 日 22:00—28 日 00:00,GPS-PWV 再次出现迅速剧烈的一次增湿过程,GPS-PWV 达到峰值(38.3 mm),是多年气候平均值(18.2 mm)的两倍多,GPS-PWV 增幅 2 h 达 4.7 mm,对应 28 日 00:00 地面 1 h 降水 10.1 mm,GPS-PWV 峰值与最强降水发生时间有较好的关系。降水前 4 h,GPS-PWV 两次迅速剧烈增加,水汽在乌鲁木齐上空快速聚集,为强降水提供了充沛的水汽;降水一直持续至 28 日 04:00,在此期间,GPS-PWV 一直维持在较高值 33~38 mm,测站 7 h 累积降水量达 28 mm。28 日 07:00 GPS-PWV 下降至 30 mm 以下,乌鲁木齐降水结束,这与已有的研究结果(杨莲梅 等,2012)较一致。

从图 5.27b、c 可以看出,天池降水早于乌鲁木齐,且强降水分为两个时段:27 日 18:00—21:00 和 28 日 01:00—08:00。降水发生前天池 GPS-PWV 稳定维持在多年气候平均值附近(16 mm),GPS-PWV 变幅不大(13.8~20.4 mm)。26 日 11:00—16:00 受低涡外围偏南气流影响,天池站出现了一次迅速的增湿过程,2 h 后出现 0.6 mm 降水,GPS-PWV 维持在一较高值(20.1~22.6 mm)。27 日 10:00—14:00,由于 700 hPa 两支水汽汇合于中天山地区,天池站再次出现迅速增湿过程,GPS-PWV 由 20 mm 增至 25 mm,水汽增量达 5 mm/(4 h),对应 14:00 天池站出现 1.4 mm 降水。16:00 天池站 GPS-PWV 达到峰值 25.9 mm,是多年气候平均值的 1.6 倍左右,2 h 后天池站开始第一阶段强降水,降水持续至 21:00,3 h 累积降水量 10 mm。可见第一阶段暴雨主要是由于 500 hPa 低涡外围偏南气流和 700 hPa 两支水汽输送汇合共同影响造成的,天池站 GPS 出现两次迅速增湿过程,空气饱和程度高,配合局地地形抬升作用,造成局地强降水。

27 日 20:00 700 hPa 偏东水汽与低涡前偏南水汽汇合在东沿天山一带地区,天池站 GPS-PWV 出现迅速剧烈增湿过程,27 日 22:00—28 日 02:00 GPS-PWV 由 22 mm 增至最大值 26 mm,4 h 水汽增值 4 mm,对应天池开始第二阶段强降水,01:00—04:00 3 h 降水量 17.2 mm,降水持续至 08:00,累积降水量 19.4 mm。与第一段暴雨相比,虽然 GPS-PWV 峰值相当,但产生的累积降水量和小时雨强相差较大,主要是由于低涡减弱成槽东移,天山北坡相应的水汽辐合和垂直运动配合较佳,因而造成第二阶段降水更加明显。

通过对伊宁、乌鲁木齐和天池 3 站暴雨过程中 GPS-PWV 演变特征的分析认为,相比于低槽系统(杨莲梅 等,2012),低涡系统生命史更长,移速较慢,造成的强降水过程中水汽累积和聚集的时间与低涡的位置及滞留时间有关。降水前期,GPS-PWV 由气候平均值缓慢增长,增湿时间较长(1~3 d);GPS-PWV 增湿期间,水汽有 3~4 个变化阶段,出现 2~3 次水汽急剧增加过程。降水发生前 4 h,测站 GPS-PWV 均有 1~2 次跃变过程,不同测站水汽增量有所不同,伊宁站和天池站 4 h 水汽增量达到 5 mm 以上,而乌鲁木齐降水前 4 h GPS-PWV 出现两次跃变,2 h 水汽增量均达到 5 mm,各站在强降水前均存在水汽的快速聚集过程。当 GPS-PWV 达到最大时,地面强降水开始,GPS-PWV 峰值几乎为气候平均的 2 倍左右。与西南涡(郝丽萍 等,2013)造成的暴雨过程中 GPS-PWV 特征变化不同的是,西南涡形成前 GPS-PWV 急剧上升,完全形成时急升结束,东移后 GPS-PWV 下降至最低,而中亚低涡时间尺度和空间尺度均比西南涡大一个量级,在暴雨发生前,中亚低涡已形成且增湿明显,500 hPa 低涡移动路径、700 hPa 两支水汽汇合区的移动方向和测站 GPS-PWV 演变特征较一致。另外本次暴雨过程中,由于水汽异常充沛,各测站 GPS-PWV 变化较大,对应地面降水强度相差也较大;降水结束后,各站 GPS-PWV 仍维持一较高值,空气中水汽含量高,这说明对于干旱区暴雨的形成,动力条件相较于水汽条件更加重要,因而不能仅用大气水汽状态条件判断强降水能否出现。

由表 5.4 可见,在中亚低涡影响期间,伊宁站和天池站 GPS-PWV 急升持续时间均为 4 h,伊宁站增幅和极值最大,其小时雨强也最强。降水前 4 h,伊宁和天池站大气可降水量存在 1~2 次跃变过程,水汽最大增幅均超过 5 mm/(4 h);当 GPS-PWV 达到极值后,测站开始出现强降水,小时最大雨强分别为 13.1 mm/h 和 9.9 mm/h。乌鲁木齐降水前 4 h GPS-PWV 也存在快速急升,但分为两个阶段:27 日 19:00—21:00 和 27 日 22:00—28 日 00:00,水汽增幅分别为 5.7 mm/(2 h)和 4.7 mm/(2 h),对应 GPS-PWV 极值为 36.4 mm 和 38.3 mm。与伊宁和天池站不同的是,在暴雨发生期间,乌鲁木齐 GPS-PWV 又出现了一次急剧增长过程,最强小时降水出现在 GPS-PWV 达到峰值前后(28 日 00:00),最大雨强 10.1 mm/h。可见在暴雨发生前,测站上空均有水汽的急剧聚集,空气中的水汽迅速达到饱和,配合动力和热力条件,产生暴雨。

表 5.4　GPS-PWV 急升时间、增幅、极值和中亚低涡造成的降水情况

站点	GPS-PWV 急升持续时间(有降水发生)/h	GPS-PWV 增幅/mm	GPS-PWV 极值/mm	过程降水量/mm	小时最大降水量/mm
伊宁	4	6.0	40.4	30.7	13.1
乌鲁木齐	2	5.7	38.3	—	—
	2	4.7	36.4	28.3	10.1
天池	4	5	26.1	32.8	9.9

上述分析说明降水前 GPS-PWV 快速增加与局地暴雨有密切的关系,当 GPS-PWV 达到峰值时,地面测站出现降水,但极值大小与雨强关系并不明显。所以对于短期降水预报要密切注意 GPS-PWV 的持续增长时间及幅度,而不仅仅是它本身的量值。

5.3.2.2　GPS-PWV 与水汽输送及大尺度辐合辐散的关系

有了充足的水汽是降水发生的重要条件,但要产生降水还需要水汽的集中、辐合。因而本文选取低涡停滞时刻(2015 年 6 月 24 日 14:00)、低涡北移时刻(26 日 20:00)、低涡东移时刻(27 日 08:00)从地面到 500 hPa 整层水汽通量及其散度进行分析。

降水前期 2015 年 6 月 24 日 14:00(图 5.28a),500 hPa 低纬度大量暖湿水汽沿偏南气流经青藏高原向中亚低涡输送,低涡增湿时间达 42 h。26 日 14:00(图 5.28b),低涡旋转向北移

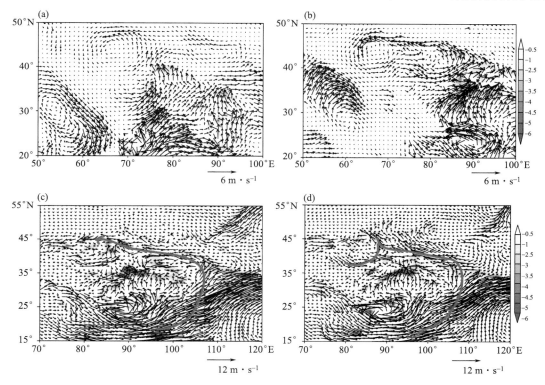

图 5.28　水汽通量矢量(单位:g·cm⁻¹·(hPa·s)⁻¹)和水汽通量散度(阴影,单位:g·cm⁻²·(hPa·s)⁻¹)
(a)500 hPa,2015 年 6 月 24 日 14:00;(b)500 hPa,2015 年 6 月 26 日 14:00;
(c)700 hPa,2015 年 6 月 26 日 20:00;(d)700 hPa,2015 年 6 月 27 日 08:00

动,受其外围偏南水汽影响,河谷处于水汽通量矢量大值区域,并存在$-2.5\times10^{-7}\sim-1\times10^{-7}$ g·cm^{-2}·(hPa·s)$^{-1}$ 的强水汽辐合中心,对应伊宁和新源 GPS-PWV 维持较高值($36.1\sim38.1$ mm)。26 日 20:00 700 hPa(图 5.28c)偏东和偏南水汽汇合在河谷上空,河谷水汽通量矢量明显增强,水汽辐合中心由-0.5×10^{-7} g·cm^{-2}·(hPa·s)$^{-1}$ 迅速增至-3.5×10^{-7} g·cm^{-2}·(hPa·s)$^{-1}$,伊宁站 GPS-PWV 出现第二次急剧增加,水汽的快速聚集使地面出现少量降水;27 日 02:00(图略)河谷上空水汽通量辐合进一步增强,辐合中心达-5×10^{-7} g·cm^{-2}·(hPa·s)$^{-1}$,GPS-PWV 继续缓升并达到峰值(40.4 mm),对应河谷开始出现强降水。27 日 08:00(图 5.28d) 700 hPa 下游副高北抬,贝湖高压南压,偏东气流在河西走廊附近增强,与低涡前部偏南气流汇合在天山北坡,伊宁站 GPS-PWV 仍处于较高值(37~38 mm),地面雨强达最强,而水汽通量和水汽通量散度却均有所减弱;同时水汽通量矢量大值区东移至乌鲁木齐,且配合水汽通量辐合中心由-1×10^{-7} g·cm^{-2}·(hPa·s)$^{-1}$ 增至-3×10^{-7} g·cm^{-2}·(hPa·s)$^{-1}$,乌鲁木齐 GPS-PWV 处于一次快速增长阶段。以上分析说明 700 hPa 中亚低涡北上并减弱成槽东移,下游副高先西伸后东撤北抬,偏东和偏南水汽在暴雨区汇合,天山北坡低层自西向东先后剧烈增湿,水汽通量矢量大值区、水汽通量辐合区移动方向和测站 GPS-PWV 急增趋势较一致。

充足的水汽是降水发生的重要条件,有了水汽的累积和聚集,还必须有水汽的集中、辐合。25 日 20:00—27 日 08:00 伊宁站(图 5.29a)均存在强水汽通量辐合和垂直上升运动,但是结合前文 GPS-PWV 演变可以看出,25 日 20:00—26 日 03:00 伊宁站处于缓慢增湿过程,GPS-PWV 增幅小,因而地面无明显降水;26 日 04:00—26 日 18:00,地面 GPS-PWV 出现一次急升并维持较高值,但此时辐合区集中在 850 hPa 以下,中高层均为辐散场,辐合区较浅薄,因而地面仅出现少量降水;27 日 02:00 伊宁站 GPS-PWV 达到最大值(40.4 mm),随后,27 日 02:00—08:00 GPS-PWV 均处于较高值(37~40 mm),对应 08:00 前后伊宁站 850~900 hPa 存在-4×10^{-7} g·cm^{-2}·(hPa·s)$^{-1}$ 的水汽强辐合区和强烈上升运动区,因而低层充沛的水汽在强烈的辐合抬升下被迅速携带至中高层,造成伊宁暴雨。

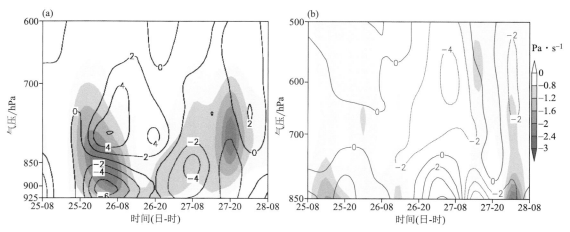

图 5.29 水汽通量散度(等值线,单位:g·cm^{-2}·(hPa·s)$^{-1}$)和垂直速度(阴影区域垂直速度<0,单位:Pa·s^{-1})
(a)伊宁站;(b)天池站

天池站位于天山山脉北麓迎风坡,海拔 1500 m 左右,属于天山山区站。从图 5.29b 可以看出,天池站强辐合上升运动区域主要在 27 日 10:00—28 日 02:00。27 日 10:00—14:00 天池站 GPS-PWV 处于一次急剧增长过程,水汽快速的在天池站上空聚集,且 14:00 前后天池站 850 hPa 存在 -8×10^{-7} g·cm^{-2}·(hPa·s)$^{-1}$ 的水汽强辐合区,但低层上升运动不明显,因而在 14:00 仅出现少量降水。16:00—18:00 天池站 GPS-PWV 维持在较高值(24~25 mm),测站上空水汽充沛,且处于水汽通量辐合区,造成天池站 19:00—21:00 第一阶段暴雨。27 日 22:00—28 日 02:00,天池站 GPS-PWV 再次急剧增加,在此阶段有较佳的水汽通量辐合和强烈的上升运动配合,对应天池站出现第二阶段暴雨。

以上分析说明,暴雨的产生,不仅需要充沛的水汽,暴雨区上空还需有深厚的水汽辐合。在同样水汽输送、辐合条件下,GPS-PWV 急剧增幅越大,对应地面雨强越强,在一定程度上,水汽输送和水汽的辐合与 GPS-PWV 的剧增存在一定的对应关系。

5.3.2.3　中亚低涡和中纬度短波槽造成的乌鲁木齐强降水过程 GPS-PWV 输送、聚集异同分析

同样受中亚低涡影响,2015 年 4 月 16 日,乌鲁木齐出现强降水天气,16 日 17:00—22:00 6 h 累积降水量 29.8 mm(图 5.30a),与"6·28"乌鲁木齐降水相似的是,受低涡前偏南气流影响,乌鲁木齐降水前 1~2 d GPS-PWV 稳定维持在较高值(15~18 mm),是多年气候平均值(9.4 mm)的 2 倍左右,16 日 11:00 开始,乌鲁木齐 GPS-PWV 出现一次缓慢持续的增加过程,至 16 日 17:00 达到峰值(20 mm),是多年气候平均值的 2.12 倍,GPS-PWV 5 h 增幅

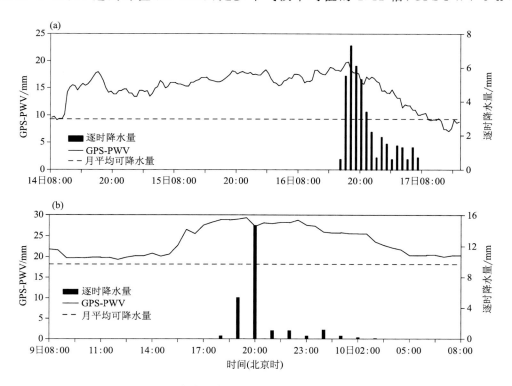

图 5.30　乌鲁木齐 GPS-PWV 与降水量逐时演变
(a)2015 年 4 月 14—17 日;(b)2015 年 6 月 9—10 日

4 mm,同时强降水开始,最大小时降水量 7.3 mm,小时降水量超过 5 mm 时间持续了 4 h。随着强降水的持续,GPS-PWV 逐渐减小,当 GPS-PWV 减小至气候平均值附近时,乌鲁木齐降水结束。而 2015 年 6 月 9 日 1 h 降水量 14.7 mm 是由于中纬度短波槽后西北急流触发造成(图 5.30b),与低涡过程不同的是,"6·9"乌鲁木齐短时强降水前 GPS-PWV 在 2~3 h 内快速聚集,PWV 达到峰值时开始出现降水;当 GPS-PWV 减小至气候平均值附近时,降水结束。

对比分析发现,中亚低涡造成的乌鲁木齐强降水发生前 GPS-PWV 均存在 1~2 d 的增湿过程,期间 GPS-PWV 有 1~2 次持续快速的增加,强降水发生前 4~5 h GPS-PWV 增幅达到 4 mm 以上;而短波槽移速快,造成的强降水往往水汽聚集时间较短,GPS-PWV 跃变更加明显,与中亚低涡强降水过程相似的是,当 GPS-PWV 达到峰值时,对应强降水开始,且峰值往往达到气候平均值 2 倍左右。

5.3.3 小结

通过对伊犁河谷两次强降水期间水汽输送流函数、势函数的分布及暴雨区水汽追踪、GPS-PWV 演变特征的分析,揭示了强降水期间水汽输送路径,给出了暴雨期间 PWV 演变特征,并初步得到以下结论。

(1)"7·31"强降水期间,中纬度大西洋及低纬度红海均对伊犁河谷水汽供应具有正贡献,向西开口的地形辐合和抬升造成垂直运动发展,水汽快速聚集,河谷处于水汽通量辐合区,为局地暴雨的发生提供有利的动力辐合机制。低纬度印度夏季风环流与中纬度大西洋向东输送的水汽共同构成了伊犁河谷本次强降水的水汽输送通道。低纬度强盛的西南水汽输送主要集中在对流层低层(650 hPa 以下),对流层中层水汽的输送以大西洋向东的气流和低槽自身所携带的水汽输送为主。

(2)"7·31"强降水期间,利用 HYSPLIT 模式追踪气团发现在 3000 m 和 5000 m 水汽输送轨迹和通道存在差异,3000 m 中纬度偏西路径水汽输送最为强盛,偏南水汽输送通道携带的热带暖湿气团来自红海,对暴雨的发生具有不可忽视的作用,对流层底层偏西、偏东路径和中层槽后下沉气流携带的水汽通过垂直运动补充对流层低层的水汽;5000 m 水汽输送通道以对流层中层纬向偏西路径和低槽自身携带水汽共同构成。

(3)"7·31"强降水期间,水汽主要集中在 500~900 hPa,通过垂直输送项向高层输送。强降水期间低纬度地区偏南气流与槽前西南气流叠加,造成对流层低层南边界水汽流入量迅速增强,对流层中高层水汽流入主要集中在西边界。

(4)"7·31"强降水期间,降水前 GPS 跃升与低槽槽前西南气流有关,强降水时段受印度西南季风水汽输送影响,河谷 GPS 大气可降水量一直稳定在较高值,水汽快速聚集造成强降水,说明干旱、半干旱区中的局地降水仍然是大尺度水汽输送和辐合抬升的结果。

(5)"6·23"强降水期间,降水前,500 hPa 低纬度暖湿气流向中亚低涡输送和补充,低涡增湿明显,降水期间,700 hPa 偏东水汽接力输送通道建立,并将孟加拉湾暖湿水汽经河西走廊输送至暴雨区上空,与低涡自身携带的水汽有所汇合,降水前暴雨区中低层增湿明显。

(6)"6·23"强降水期间,低涡系统降水过程水汽累积和聚集的时间与低涡位置及滞留时间有关。降水发生前 1~3 d,测站 GPS-PWV 均出现 1~2 次持续增长过程,与 700 hPa 两支水汽汇合有较好对应关系,在水汽聚集期间测站 GPS-PWV 有 3~4 个变化阶段和 2~3 次水汽急增过程。降水前 4 h,测站 GPS-PWV 有 1～2 次跃变过程,各站 GPS-PWV 增幅均达到 5 mm/(4 h),GPS-PWV 峰值均能达到气候平均值的 2 倍左右。

　　(7)"6·23"强降水期间,中亚低涡造成的乌鲁木齐强降水发生前 GPS-PWV 均存在 1～2 d 的增湿过程,期间 GPS-PWV 出现 1～2 次持续快速的增加,强降水发生前 4～5 h GPS-PWV 增幅达到 4 mm 以上,GPS-PWV 峰值往往达到气候平均值 2 倍左右。

参考文献

曹云昌,方宗义,夏青,2005. GPS 遥感的大气可降水量与局地降水关系的初步分析[J]. 应用气象学报,16(1):54-59.

常祎,郭学良,2016. 青藏高原那区地区夏季对流结构及雨滴谱分布日变化特征[J]. 科学通报,61(15):1706-1720.

陈羿辰,金永利,丁德平,等,2018. 毫米波测云雷达在降雪观测中的应用初步分析[J]. 大气科学,42(1):134-149.

丁金才,叶其欣,马晓星,等,2006. 区域 GPS 气象网站点合理布设的几点依据[J]. 气象,32(2):34-39.

房彬,郭学良,肖辉,2016. 辽宁地区不同降水云系雨滴谱参数及其特征量研究[J]. 大气科学,40(6):1154-1164.

郝丽萍,邓佳,李国平,等,2013. 一次西南涡持续暴雨的 GPS 大气水汽总量特征[J]. 应用气象学报,24(2):230-239.

衡志炜,傅云飞,2011. 基于 NCEP CFSR 资料的全球云水云冰气候分布分析[C]//第 28 届中国气象年会论文集. 北京:中国气象学会:6-11.

黄秋霞,赵勇,何清,等,2015. 伊宁市主汛期降水日变化特征[J]. 干旱区研究,32(4):743-747.

黄兴友,印佳楠,马雷,等,2019. 南京地区雨滴谱参数的详细统计分析及其在天气雷达探测中的应用[J]. 大气科学,43(3):691-704.

江志红,梁卓然,刘征宇,等,2011. 2007 年淮河流域强降水过程的水汽输送特征分析[J]. 大气科学,35(2):361-372.

金祺,袁野,刘慧娟,等,2015. 江淮之间夏季雨滴谱特征分析[J]. 气象学报,73(4):778-788.

李成才,毛节泰,1998. GPS 地基遥感大气水汽总量分析[J]. 应用气象学报,9(4):470-477.

李海飞,2018. 基于地基云雷达资料的淮南地区云宏微观特征研究[D]. 兰州:兰州大学.

李延兴,徐宝祥,胡新康,等,2001. 应用地基 GPS 技术遥感大气柱水汽量的实验研究[J]. 应用气象学报,12(1):61-68.

梁宏,刘晶淼,陈跃,2010. 地基 GPS 遥感的祁连山区夏季可降水量日变化特征及其成因分析[J]. 高原气象,29(3):726-736.

林振耀,吴祥定,1990. 青藏高原水汽输送路径的探讨[J]. 地理研究,9(3):33-40.

刘晶,杨莲梅,2017. 一次中亚低涡造成的天山北坡暴雨 GPS 大气水汽总量演变特征[J]. 气象,43(6):724-734.

刘晶,李娜,陈春艳,2018. 新疆北部一次暖区暴雪过程锋面结构及中尺度云团分析[J]. 高原气象,37(1):158-166.

马思琪,周顺武,王烁,等,2016. 基于 GPS 资料分析西藏中东部夏季可降水量日变化特征[J]. 高原气象,35(2):318-328.

史玉光,孙照渤,2008. 新疆水汽输送的气候特征及其变化[J]. 高原气象,27(2):310-319.

孙力,马梁臣,沈柏竹,等,2016. 2010 年 7—8 月东北地区暴雨过程的水汽输送特征分析[J]. 大气科学,40(3):630-646.

王秀祥,2009. 地形强迫抬升在孟加拉湾风暴影响西藏中的突出作用[C]//第 26 届中国气象年会论文集. 北京:中国气象学会:238-250.

魏凤英,2007. 现代气候统计诊断与预测技术[M]. 北京:气象出版社:29-35.

温龙,2016. 中国东部地区夏季降水雨滴谱特征分析[D]. 南京:南京大学.

吴翀,刘黎平,翟晓春,2017.Ka 波段固态发射机体制云雷达和激光云高仪探测青藏高原夏季云底能力和效果对比分析[J]. 大气科学,41(4):659-672.

肖开提·多莱特,汤浩,李霞,等,1997."96·7"新疆特大暴雨的水汽条件研究[J]. 新疆气象,20(1):8-11.

徐羹慧,1997."96.7"新疆特大暴雨洪水预报服务技术研究的综述与启示[J]. 新疆气象,20(1):1-4.

杨军,陈宝君,银燕,2011. 云降水物理学[M]. 北京:气象出版社.

杨莲梅,2003. 南亚高压突变引起的一次新疆暴雨天气研究[J]. 气象,29(8):21-25.

杨莲梅,王世杰,史玉光,等,2012. 乌鲁木齐夏季暴雨过程 GPS-PWV 的演变特征[J]. 高原气象,31(5):1348-1355.

杨莲梅,张云惠,黄艳,等,2020. 新疆短时强降水诊断分析暨预报手册[M]. 北京:气象出版社.

杨霞,周鸿奎,赵克明,等,2020.1991-2018 年新疆夏季小时极端强降水特征[J]. 高原气象,39(4):762-773.

杨晓霞,吴炜,万明波,等,2012. 山东省两次暴雪天气的对比分析[J]. 气象,38(7):868-876.

张端禹,王明欢,陈波,2010.2008 年 8 月末湖北连续大暴雨的水汽输送特征[J]. 气象,36(2):48-53.

张贵付,闵锦忠,戚友存,2018. 双偏振雷达气象学[M]. 北京:气象出版社.

张培昌,杜秉玉,戴铁丕,2001. 雷达气象学[M]. 北京:气象出版社:173.

张云惠,陈春艳,杨莲梅,等,2013. 南疆西部一次罕见暴雨过程的成因分析[J]. 高原气象,32(1):191-200.

张云惠,李海燕,蔺喜禄,等,2015. 南疆西部持续性暴雨环流背景及天气尺度的动力过程分析[J]. 气象,41(7):816-824.

赵玲,梁红,崔彩霞,2006. 乌鲁木齐地基 GPS 数据的解算和应用[J]. 干旱区研究,23(4):654-657.

赵玲,安沙舟,杨莲梅,等,2010.1976—2007 年乌鲁木齐可降水量及其降水转换率[J]. 干旱区研究,27(3):433-437.

周玉淑,高守亭,邓国,等,2005. 江淮流域 2003 年强梅雨期的水汽输送特征分析[J]. 大气科学,29(2):195-204.

AKIYO Y,YASUNARI T,1998. Variation of summer water vapor transport related to precipitation over and around the arid region in the interior of the Eurasian continent[J]. J Meteor Soc Japan,76(5):799-815.

ATLAS D,1954. The estimation of cloud parameters by radar[J]. J Atmos Sci,11(4),309-317.

ATLAS D,SRIVASTAVA R C,SEKHON R S,1973. Doppler radar characteristics of precipitation at vertical incidence[J]. Rev Geophys,11:1-35.

BAEDI R J P,DEWIT J J M,RUSSCHENBERG H W J,et al,2000. Estimating effective radius and liquid water content from radar and lidar based on the CLARE98 data-set[J]. Physics and Chemistry of the Earth,Part B:Hydrology,Oceans and Atmosphere,25(10-12):1057-1062.

BATTAGLIA A,RUSTEMEIER E,Tokay A,et al,2010. PARSIVEL snow observations:A critical assessment[J]. J Atmos Oceanic Technol,27(2):333-344.

BRANDES E A,ZHANG G,VIVEKANANDAN J,2002. Experiments in rainfall estimation with a polarimetric radar in a subtropical environment[J]. J Appl Meteorol Climatol,41(6):674-685.

BRANDES E A,ZHANG G F,VIVEKANANDAN J,2003. An evaluation of a drop distribution-based polarimetric radar rainfall estimator[J]. J Appl Meteorol Climatol,42(5):652-660.

BRANDES E A,IKEDA K,ZHANG G,et al,2007. A statistical and physical description of hydrometeor distributions in Colorado snowstorms using a video disdrometer[J]. J Appl Meteorol Climatol,46(5):634-650.

BRINGI V N,CHANDRASEKAR V,HUBBERT J,et al,2003. Raindrop size distribution in different climatic regimes from disdrometer and dual-polarized radar analysis[J]. J Atmos Sci,60:354-365.

BRINGI V N,WILLIAMS C R,THURAI M,et al,2009. Using dual-polarized radar and dual-frequency profiler for DSD characterization:A case study from Darwin,Australia[J]. J Atmos Oceanic Technol,26:2107-2122.

BUKOVČIĆ P,ZRNIĆ D,ZHANG G F,2017. Winter precipitation liquid-ice phase transitions revealed with po-larimetric radar and 2DVD observations in central Oklahoma[J]. Journal of Applied Meteorology and Clima-tology,56(5):1345-1361.

BUKOVČIĆ P,RYZHKOV A,ZRNIĆ D,et al,2018. Polarimetric radar relations for quantification of snow based on disdrometer data[J]. Journal of Applied Meteorology and Climatology,57(1):103-120.

CHEN B,YANG J,PU J,2013. Statistical characteristics of raindrop size distribution in the Meiyu season ob-served in eastern China[J]. J Meteorol Soc Jpn,91:215-227.

CHEN B,HU Z,LIU L,et al,2017. Raindrop size distribution measurements at 4500 m on the Tibetan Plateau during TIPEX-III[J]. J Geophys Res Atmos,122:11092-12006.

DOLAN B,FUCHS B,RUTLEDGE S A,et al,2018. Primary modes of global drop size distributions[J]. J At-mos Sci,75:1453-1476.

DONG W H,LIN YL,WRIGHT J S,et al,2018. Regional disparities in warm season rainfall changes over arid eastern-central Asia[J]. Scientific Reports,8(1): 1-11.

FU Y,LIN Y,LIU G,et al,2003. Seasonal characteristics of precipitation in 1998 over East Asia as derived from TRMM PR[J]. Adv Atmos Sci,20(4): 511-529.

FU Z,DONG X,ZHOU L,et al,2020. Statistical characteristics of raindrop size distributions and parameters in Central China during the Meiyu seasons[J]. J Geophys Res Atmos,125:e2019JD031954.

FULTON R A,BREIDENBACH J P,SEO D -J,et al,1998. The WSR-88D rainfall algorithm[J]. Weather Forecasting,13(2):377-395.

GREENE D R,CLARK R A,1972. Vertically integrated liquid water-a new analysis tool[J]. Mon Wea Rev,100(7):548.

GUNN K L S,PLAMER W M,1958. The distribution with size of aggregate snowflakes[J]. J Atmos Sci,15(5): 452-461.

GUO J P,LIU H,LI Z Q,et al,2018. Aerosol-induced changes in the vertical structure of precipitation:A per-spective of TRMM precipitation radar[J]. Atmospheric Chemistry and Physics,18(18): 13329-13343.

HU Z,SRIVASTAVA R C,1995. Evolution of raindrop size distribution by coalescence,breakup,and evapora-tion:Theory and observations[J]. J Atmos Sci,52:1761-1783.

HUNTER S,1996. WSR-88D radar rainfall estimation:capabilities,limitations and potential improvements[J]. National Weather Digest,20(4):26-36.

ISHIZAKA M,MOTOYOSHI H,NAKAI S,et al,2013. A new method for identifying the main type of solid hydrometeors contributing to snowfall from measured size-fall speed relationship[J]. J Meteorol Soc Jpn,91(6): 747-762.

JAMESON A R,KOSTINSKI A B,2001. What is a raindrop size distribution? [J]. Bulletin of the American Meteorological Society,82:1169-1177.

JANAPATI J,SEELA B K,LIN P L,et al,2021. Microphysical features of typhoon and non-typhoon rainfall observed in Taiwan,an island in the northwestern Pacific[J]. Hydrol Earth Syst Sc,25:4025-4040.

JI L,CHEN H N,LI L,et al,2019. Raindrop size distributions and rain characteristics observed by a PAR-SIVEL disdrometer in Beijing,Northern China[J]. Remote Sens,11:1479.

KRASNOV O A,RUSSCHENBERG H W J,2005. A synergetic radar-lidar technique for the LWC retrieval in water clouds:Description and application to the Cloudnet data[C]//Proceedings of the 32nd Conference of Radar Meteorology.

KRUGER A,KRAJEWSKI W E,2002. Two-dimensional video disdrometer:A description[J]. J Atmos Ocean

Tech,19(5):602-617.

LEINONEN J,2014. High-level interface to T-matrix scattering calculations: architecture,capabilities and limitations[J]. Opt Express,22(2):1655-1660.

LI R,WANG G,ZHOU R,et al,2022. Seasonal variation in microphysical characteristics of precipitation at the entrance of water vapor channel in Yarlung Zangbo Grand Canyon[J]. Remote Sens,14:3149.

LOH J L,LEE D-I,KANG M-Y,et al,2020. Classification of rainfall types using Parsivel disdrometer and S-band polarimetric radar in central Korea[J]. Remote Sens,12:642.

LUO L,GUO J,CHEN H,et al,2021. Microphysical characteristics of rainfall observed by a 2DVD disdrometer during different seasons in Beijing,China[J]. Remote Sens,13:2303.

MA Y,NI G,CHANDRA C V,2019. Statistical characteristics of raindrop size distribution during rainy seasons in the Beijing urban area and implications for radar rainfall estimation[J]. Hydrol Earth Syst Sc,23:4153-4170.

MAKRA L,MATYASOVSZKY I,GUBA Z,et al,2011. Monitoring the longrange transport effects on urban PM10levels using 3D clusters of backward trajectories[J]. Atmos Environ,45(16):2630-2641.

MARSHALL J S,PALMER W M K,1948. The distribution of raindrops with size[J]. J Meteorol,5(4):165-166.

MILBRANDT J A,YAU M K,2005. A multimoment bulk microphysics parameterization. Part I: Analysis of the role of the spectral shape parameter[J]. J Atmos Sci,62:3051-3064.

OH S B,KIM Y H,KIM K H,et al,2016. Verification and correction of cloud base and top height retrievals from Ka-band cloud radar in Boseong,Korea[J]. Adv Atmos Sci,33(1):73-84.

SCHÖNHUBER M,LAMMER G,RANDEU W L,2008. The 2D-video-disdrometer,Precipitation:Advances in Measurement [M]// Michaelides S. Precipitation: Advances in Measurement, Estimation and Prediction. Berlin,Heidelberg:Springer:3-31.

SHUPE M D,2007. A ground-based multisensor cloud phase classifier[J]. Geophysical Research Letters,34(22). L22809. DOI:10. 1029/2007GL031008.

STOHL A,JAMES P,2004. A Lagrangian analysis of the atmospheric branch of the global water cycle. Part I:Method description,validation,and demonstration for the August 2002 flooding in central Europe[J]. Journal of Hydrometeorology,5(4):656-678.

TANG Q,XIAO H,GUO C,et al,2014. Characteristics of the raindrop size distributions and their retrieved polarimetric radar parameters in northern and southern China[J]. Atmos Res,135-136:59-75.

TESTUD J,OURY S,AMAYENC P,et al,2001. The concept of "normalized" distributions to describe raindrop spectra: A tool for cloud physics and cloud remote sensing[J]. J Appl Meteorol Climatol,40:1118-1140.

TOKAY A,SHORT D A,WILLIAMS C R,et al,1999. Tropical rainfall associated with convective and stratiform clouds: intercomparison of disdrometer and profiler measurements[J]. J Appl *Meteorol* Climatol,38:302-320.

ULBRICH C W,1983. Natural variations in the analytical form of the raindrop size distribution[J]. J Appl *Meteorol* Climatol,22:1764-1775.

ULBRICH C W,ATLAS D,1998. Rainfall microphysics and radar properties: Analysis methods for drop size spectra[J]. J Appl Meteorol Climatol,37:912-923.

WANG J,ROSSOW W B,1998. Effects of cloud vertical structure on atmospheric circulation in the GISS GCM [J]J Climate,11(11):3010-3029.

WANG Z,WANG Z,CAO X,et al,2018. Comparison of cloud top heights derived from FY-2 meteorological satellites with heights derived from ground-based millimeter wavelength cloud radar[J]. Atmos Res,199: 113-127.

WANG G,ZHOU R,ZHAXI S,et al,2021. Raindrop size distribution measurements on the Southeast Tibetan Plateau during the STEP project[J]. Atmos Res,249:105311.

WEN L,ZHAO K,ZHANG G,et al,2016. Statistical characteristics of raindrop size distributions observed in East China during the Asian summer monsoon season using 2-D video disdrometer and Micro Rain Radar data[J]. J Geophys Res Atmos,121:2265-2282.

WEN G,XIAO H,YANG H L,et al,2017. Characteristics of summer and winter precipitation over northern China[J]. Atmospheric Research,197:390-406.

WEN L,ZHAO K,CHEN G,et al,2018. Drop size distribution characteristics of seven typhoons in China[J]. J Geophys Res Atmos,123:6529-6548.

WU Y H,Liu L P,2017. Statistical characteristics of raindrop size distribution in the Tibetan Plateau and southern China[J]. Adv Atmos Sci,34:727-736.

YIN J F,WANG D H,ZHAI G Q,et al,2013. Observational characteristics of cloud vertical profiles over the continent of East Asia from the CloudSat data[J]. Acta Meteor Sinica,27(1):26-39.

YUTER S E,HOUZE R A,1995. Three-dimensional kinematic and microphysical evolution of Florida cumulonimbus. Part II: Frequency distributions of vertical velocity,reflectivity,and differential reflectivity[J]. Mon Wea Rev,123(7): 1921-1940.

ZENG Q,ZHANG Y,LEI H,et al,2019. Microphysical characteristics of precipitation during pre-monsoon, monsoon,and post-monsoon periods over the South China Sea[J]. Adv Atmos Sci,36(10): 1103-1120.

ZENG Y,YANG L M,ZHANG Z,et al,2020. Characteristics of clouds and raindrop size distribution in Xinjiang,using cloud radar datasets and a disdrometer[J]. Atmosphere,11(12): 1382.

ZENG Y,YANG L M,ZHOU Y S,et al,2022a. Characteristics of orographic raindrop size distribution in the Tianshan Mountains,China[J]. Atmos Res,278,106332.

ZENG Y,YANG L M,TONG Z P,et al,2022b. Characteristics and applications of summer season raindrop size distributions based on a PARSIVEL2 disdrometer in the western Tianshan Mountains (China)[J]. Remote Sensing,14(16):3988.

ZHANG G,VIVEKANANDAN J,BRANDES E A,et al,2003. The shape-slope relation in observed gamma raindrop size distributions: Statistical error or useful information[J]. J Atmos Ocean Tech. ,20:1106-1119.

ZHANG G,SUN J,BRANDES E A,2006. Improving parameterization of rain microphysics with disdrometer and radar observations[J]. J Atmos Sci,63:1273-1290.

ZHANG G,LUCHS S,RYZHKOV A,et al,2011. Winter precipitation microphysics characterized by polarimetric radar and video disdrometer observations in central Oklahoma[J]. J Appl Meteorol Climatol,50(7): 1558-1570.

ZHANG A,HU J,CHEN S,2019a. Statistical characteristics of raindrop size distribution in the monsoon season observed in southern China[J]. Remote Sens,11:432.

ZHANG Y,ZHOU Q,LV S,et al,2019b. Elucidating cloud vertical structures based on three-year Ka-band cloud radar observations from Beijing,China[J]. Atmos Res,222:88-99.

ZHOU Q,ZHANG Y,LI B,et al,2019. Cloud-base and cloud-top heights determined from a ground-based cloud radar in Beijing,China[J]. Atmos Environ,201:381-390.